国防教育全视角知识书系

尖端武器
SOPHISTICATED WEAPON

奇异枪械

李　杰　主编
李树宝　著

中国科学技术出版社
·北　京·

图书在版编目（CIP）数据

奇异枪械/李树宝著.—北京：中国科学技术出版社，2020.6（2024.8重印）

（尖端武器/李杰主编）

ISBN 978-7-5046-8573-5

Ⅰ.①奇… Ⅱ.①李… Ⅲ.①枪械—世界—青少年读物 Ⅳ.①E922.1-49

中国版本图书馆CIP数据核字（2020）第018972号

总 策 划　秦德继
策划编辑　李惠兴　郭秋霞
责任编辑　郭秋霞　王绍昱
封面设计　崔玮龙
正文设计　中文天地
责任校对　张晓莉
责任印制　马宇晨

出　　版　中国科学技术出版社
发　　行　中国科学技术出版社有限公司
地　　址　北京市海淀区中关村南大街16号
邮　　编　100081
发行电话　010-62173865
传　　真　010-62173081
网　　址　http://www.cspbooks.com.cn

开　　本　710mm×1000mm　1/16
字　　数　166千字
印　　张　11.25
版　　次　2020年6月第1版
印　　次　2024年8月第2次印刷
印　　刷　唐山富达印务有限公司
书　　号　ISBN 978-7-5046-8573-5/E·16
定　　价　59.80元

丛书编委会

主　编：李　杰

副主编：刘胜俊

专家组：（以姓氏笔画为序）

王凤岭　李　杰　李树宝

侯建军　瞿雁冰

前言

通常所讲的枪是枪械的简称，是指利用火药燃气发射弹头、口径小于 20 毫米的射击武器。枪械可分为手枪、冲锋枪、步枪、机枪和特种枪，主要用于毁伤暴露的目标。而警用枪则属于特种枪。

枪是最常见、最普通的短兵利器，在战场上被视为“士兵的第二生命”，是直接影响战斗胜负的重要因素。

在当今世界众多的武器中，枪的数量是最多的。世界上任何一个国家，无论大小、穷富，在其武器库和官兵手中，装备数量最多的肯定是枪。枪的用途最广，无论是和平时期，还是战争时期，无论陆军还是空军、海军，枪一直都伴随在军人身边。平时站岗放哨、巡逻执勤都离不开枪，在战时枪更是“护身符”。

从士兵到将军大都如此，就连时任美军中央战区司令弗兰克斯上将视察伊拉克战场前线时，也佩带了一把 “贝雷塔”手枪。有趣的是，宇航员也不例外，如苏联加加林、美国阿姆斯特朗也都配有枪支。

此外，枪支一直也是影响社会安定的重要问题。据外媒报道调查，1990—2016 年全球因枪支而死亡的人数由 20.9 万人增长到了 25.1 万人。除 1994 年有 80 万人死于卢旺达种族大屠杀之外，每年因治安案件死于枪支的人数都超过了因战争、军事冲突和恐怖主义而死亡的人数。因此，枪械一直受到世人的广泛关注。

随着科学技术的发展，古老的枪械也焕发了青春，逐步走向轻便、精准和智能化，一些新概念、新原理枪械也走上战场。本书仅选择一些奇异的、新颖的、特殊的枪械作以介绍。

李树宝

目录

第 1 章　史上奇枪风光一时

第 2 章　当代奇枪战场扬威

第 3 章 未来奇枪初露端倪

第1章

史上奇枪 风光一时

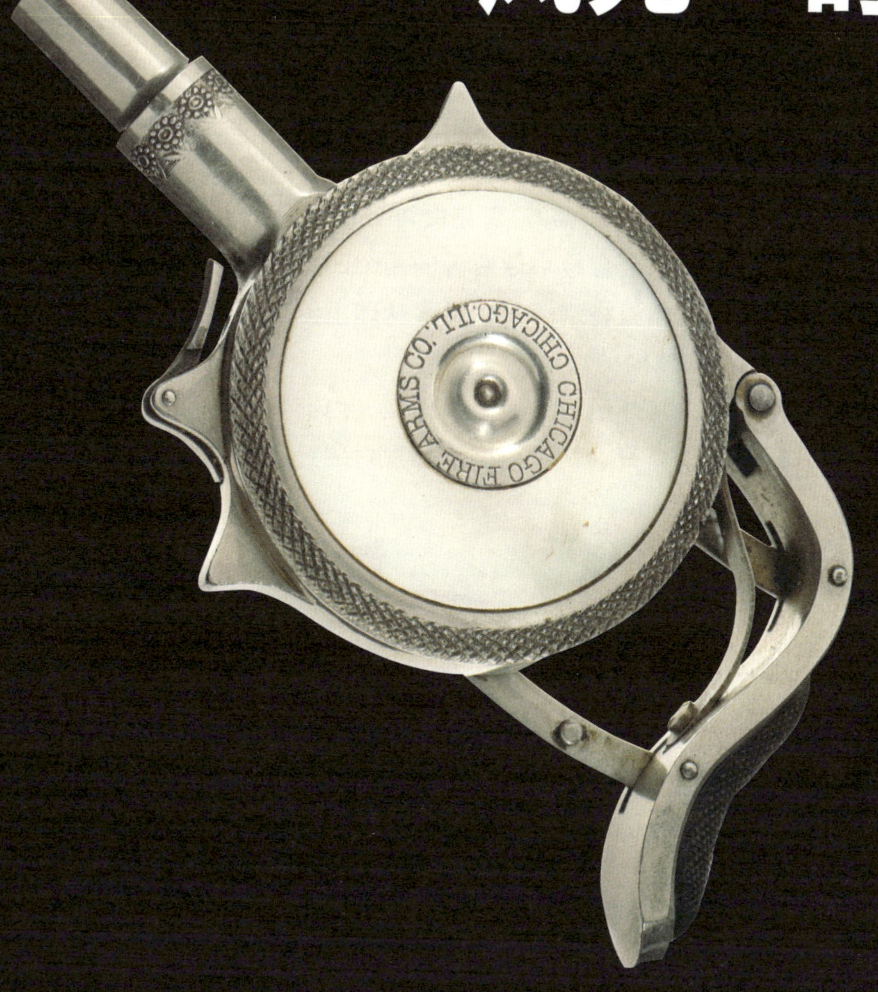

历史上曾经出现了很多奇怪的枪械，因其大小、形状、功能与众不同，给世人留下了深刻的印象。

一、伪装好得出奇

1. 毒伞枪

1978 年 9 月 7 日中午，投入西方怀抱的原保加利亚文化官员格奥尔基・马尔科夫走上位于伦敦市中心的滑铁卢桥，向大桥南端的公交车站走去。他身边是熙熙攘攘的人流。突然，他感到大腿后部痛了一下，便立即转身，发现一名身材魁梧的中年男子拿着伞匆匆离去。当天深夜，马尔科夫发起了高烧，被送往医院。4 天后，49 岁的马尔科夫不治身亡。英国政府对此高度警觉，立即展开调查。经法医对马尔科夫验尸和做尸体组织取样分析，没有发现异常。后来，经用X光检查，从死者身上找到了一颗金属弹珠。英国化学防御研究所研究了 2 个多月，判断这是一颗特制的毒弹，弹体直径只有 2 毫米左右，弹壳由铂铱合金制成，内有剧毒的蓖麻毒。

蓖麻毒毒性极大，只需 7 毫克便可致人死亡，而氰化钾需要 50 毫克。蓖麻毒是放在这个合金小球两旁的两个凹槽里，外面用蜡封着。金属球进入人体后，其体温将蜡熔化，毒素从球里流出，致人性命。这种毒弹是用毒伞枪射入人体内的。

这种毒伞枪，其外形与一般雨伞相似，内部装有扳机、操纵索、释放扣、活塞式击锤、弹簧、气瓶、枪管等发射装置和超小型有毒弹丸。使用

◎毒伞枪

时扣动扳机放出活塞式击锤，击锤撞击气瓶于穿孔器上，放出气体，气体经唯一通路进入枪管，以其突然的压力，将超小型毒弹推出，整个过程瞬间完成。

2. 钢笔枪

钢笔枪因外形酷似一支普通钢笔而得名，笔帽、笔套等一应俱全。其主要特点是携带方便、不易被人注意，是一种防身、暗杀用的特型手枪，可在 10 米内取人性命，很受特工喜爱。

（1）原本用于防身。20 世纪前期，钢笔枪常常被一些大人物作为防身武器，属于武器与艺术品的结合，更像是收藏品。第二次世界大战（以下简称“二战”）和“冷战”时期，各国特工很多都看中这种武器的隐蔽性，于是，大量的钢笔枪被生产出来提供给特工，如德国、法国、英国、印度等国家都曾先后研制过钢笔枪。其中英国谍报军官哈顿发明的毒针钢笔枪很有名气。该枪口径很小的枪管同钢针子弹一同隐藏在钢笔外壳中，在外壳上有一个小按钮扳机。击发时，采用压缩空气发射，在弹簧和压缩空气的作用下将仅有的一枚涂有剧毒的针状子弹射出。该枪在专门的盒式夹具的帮助下，重新装弹可在 15 秒内完成。其长度为 154 毫米，枪管长 35 毫米。哈顿设计此枪的初衷是为了帮助被俘的英军逃脱。但随着毒针钢笔枪的名气越来越大，法国抵抗组织请求英国大量提供。英国还给南斯拉夫的铁托游击队空投大量这种钢笔枪。

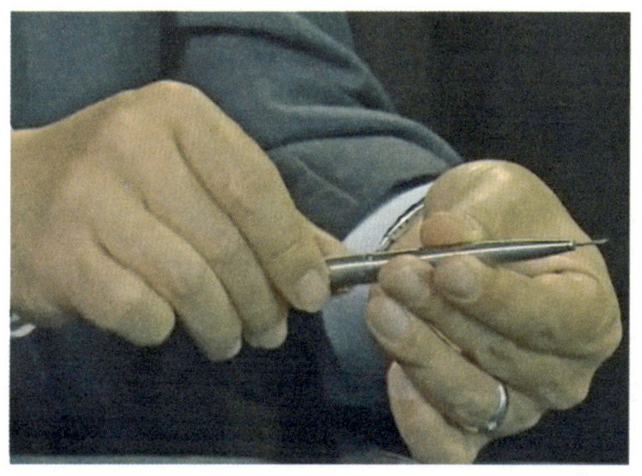

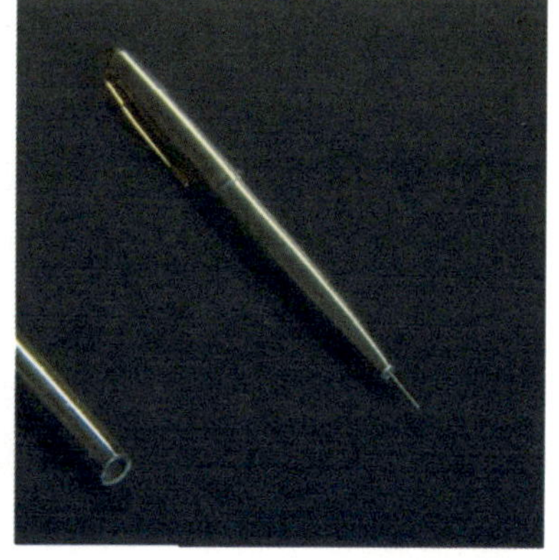

◎英国毒针钢笔枪

（2）最便宜的钢笔枪。最物美价廉的钢笔枪是美国的“斯厅格尔”。该枪在工厂组装时就装填好一发子弹，只能一次性使用，不能重复装弹，故特工们只有在关键时刻才使用它。该枪构造简单，共由 7 个部件组成，美国采取了流水线作业大批量生产，1943—1944 年总共生产了 40000 支，价格每支 40 美分。美国和英国不仅用它来武装自己的间谍，还发给欧洲各国的抵抗组织。1962 年，美国中央情报局研发了“斯厅格尔”口径 5.6 毫米、长 114 毫米的钢笔枪，供特工使用。它虽结构复杂，但操作简便，枪管安装在笔筒中。要射击时，只需转动笔帽，将钢笔拿在手掌中，用大拇指按动射击钮即可击发。

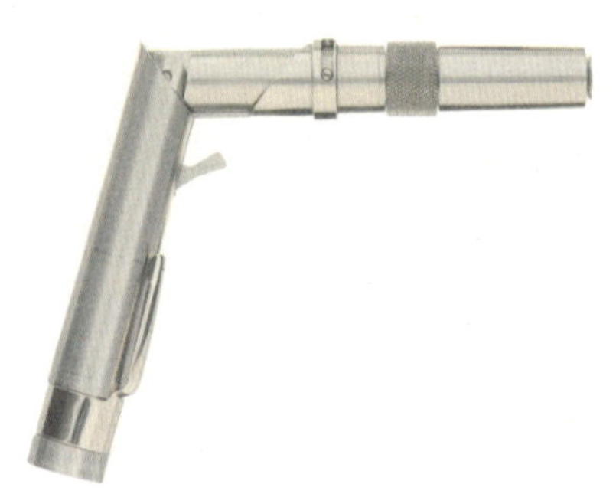

◎美国“斯厅格尔”钢笔枪

（3）屡屡改进升级。1992 年，美国研制出新型的“斯厅格尔”钢笔枪，该枪总长 82.5 毫米，直径 12.7 毫米，由不锈钢制成，枪管是一根滑面的管子，其中装有口径 5.6 毫米的边缘发火子弹。钢笔杆起枪机的作用，杆的一端与钢笔的帽相连，另一端与弹筒相连，在帽中装有击发装置，在发射前需要将枪的前后两部分分开 30 毫米。用手拉钢笔枪的后端，拔出后部将其折成“L”形。这时扳机就从枪的主体中伸出。旋转保险环到“F”（发射）位置，然后，射手轻轻抓牢枪管，按压扳机，即可射击。发射后，把保险环旋到“S”位置。

该枪的这套保险装置是原钢笔枪所少有的，可重复装弹，多次射击。重新装弹时，拧下枪管，把弹壳从膛中取出，重新装入一发子弹，然后将

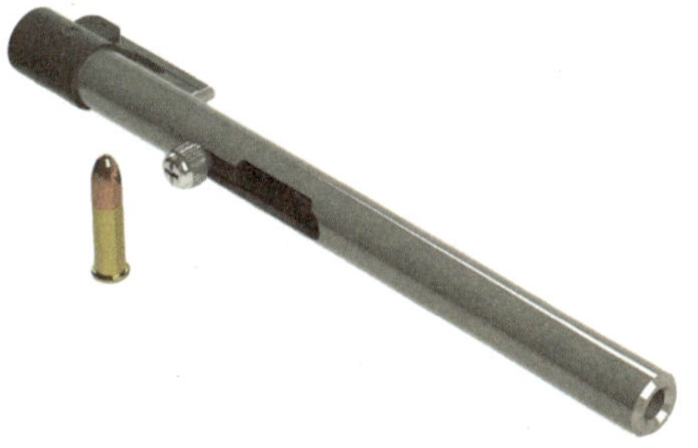

◎“斯厅格尔”钢笔枪

枪管拧到枪体上，即可再次射击。这种折成“L”形的钢笔枪通过了美国联邦烟酒火器管理局（ATF）的认可，可在美国合法销售。

（4）苏联/俄罗斯钢笔枪。在“冷战”时期，苏联也研制了一种钢笔枪。其两头都有伸出的轴并用螺丝固定住。它的前部确实是一支钢笔，可写字；后面部分却安装有击发装置和枪管，枪管口径为 5.6 毫米。枪管的枪口部分呈锥状，并进行了特殊装饰，其目的是防止在紧急情况下，射手错将枪口指向自己。

1995 年 4 月的一个清晨，在莫斯科的一辆公共汽车上，一位俄罗斯空军军官被钢笔枪射杀。刑警现场勘查发现，死者不小心触动了自己钢笔枪的击发装置而造成意外走火。有趣的是，精美的钢笔枪往往成为具有防身功能的收藏品。

3. 手杖枪

在 20 世纪上半叶，欧美国家的男士，无论是平民百姓，还是达官显贵，出门时都喜欢携带一支手杖，人们对手杖习以为常。战争年代，轻武器专家曾为特工研发出了威力巨大的手杖枪，其中较为有名的是布雷顿手杖枪。设计生产商是以生产超轻型猎枪而著称的法国圣艾蒂安公司。这种手杖枪是一种 10 毫米口径的滑膛枪，其大部分部件由铝制成，击发机构藏在硬铝质圆头握把中，将握柄旋转四分之一再向后移开，即可使枪机开锁，装弹后再拧紧，就可使枪机再次闭锁。按动位于握柄上一个缺口处的扳机即可击发。由于该枪既无瞄准具又无枪托，因此只能在5 米以内使用。此外，在银色的握柄头上有一个小夹层，内装一发备用弹，黑色的杖身下端包有柔软的外箍，以免在触地时发出过响声音。这种手杖枪是民用品，当时在市场售价为 2000 法朗。

布雷诺手杖枪的数据

项　目	数　据
全枪长	910 毫米
枪管长	700 毫米
握柄长	190 毫米
手杖头套长	20 毫米
重　量	665 克

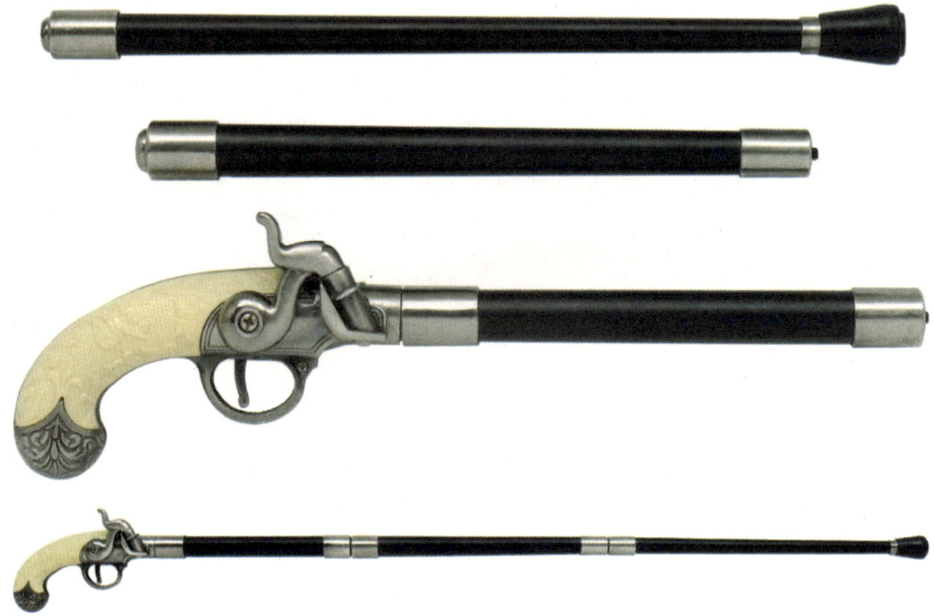

◎布雷顿手杖枪

二、块头大得出奇

1. 芬兰L-39 20 毫米反坦克步枪（大象枪）

从 1939 年 11 月苏联进攻芬兰开始，到 1941 年芬兰协同德国进攻苏联，直至“二战”结束，芬兰军队摧毁了大量苏军坦克。其中相当部分是被 20 毫米口径的L-39 反坦克步枪击毁的。该枪成为当时对付苏军T-26 和BT-7 坦克的好手。在此期间，芬兰军队使用了超过 1800 支L-39 反坦克步枪。在“二战”初期，L-39 可轻易射穿苏联军队的T-26 轻型坦克，当T-34 中型坦克出现后，20 毫米穿甲弹就力不从心了，只能偶尔打断中型坦克的履带。但该枪精度高，在 300 米处 5 发弹的散布直径为 300 毫米。

从 1942 年开始，L-39 配用高爆弹和燃烧弹，用来对付碉堡和机枪火力点，类似于现代的反器材/狙击步枪，它可在 200～1400 米范围内杀伤敌人的有生力量。高爆弹的破片可以杀伤以炸点为中心、半径 2.5 米范围内的敌有生目标。

（1）开发研制。芬兰早在第一次世界大战（以下简称“一战”）结束后就已经开始研制反坦克枪，设计师是艾密欧·拉哈提，最初设计方案的

◎芬兰L-39 20 毫米反坦克步枪（大象枪）

口径参照了“一战”中德军毛瑟M1918 型反坦克枪，口径为 13 毫米。由于坦克防护能力逐步提升，芬军将反坦克枪的口径增大为 20 毫米，以提高破甲效果。

（2）结构性能。1939 年 8 月 11 日，原型枪通过了所有测试，达到并且超过了设计指标，定型为拉哈提 39 型（L-39），而后投入量产。该枪全长 224 厘米，枪重 49.5 千克（不含弹匣），最大射程 6.5 千米，在 1000 米以外可打穿 12 毫米的钢板。因“块头”超大，前线部队称它为“大象枪”。其采用单发发射方式，由射手和弹药手两人小组操作。装有两脚架甚至三脚架，冬季加装了雪橇，便于雪地机动。

该枪的不足是不仅枪身重，而且后坐力惊人，射手抵肩射击时，承受的后坐力是常人无法忍受的。据一位射手回忆，每次射击后，他的上半身被顶回来 15 厘米，往往要花些时间才能恢复过来。

在实战中，芬军先是给L-39 加装了夜视装备，以适于夜战。后来该枪被用于防空，对付火力猛、装甲厚、被称作“空中坦克”的苏军伊尔-2 攻击机。起初勉强能够击中几次，但射速太慢。

（3）重返战场。1944 年夏，芬兰军队对约 300 支L-39 进行了全自动改装，定型为L-39/44 防空枪，这种型号仍可用于反坦克。到了 20 世纪 60 年代，L-39 作为反坦克和防空武器都已过时。芬兰国防部将 1000 支L-39 连同 20 万发 20 毫米弹药出售给美国枪械收藏协会。然而在越南战争中直升机作用凸显，芬兰军队当时恰恰缺少反直升机武器，于是L-39 防空枪又被拿来弥补反直升机的火力空白，直到 1988 年才被正式封存，退出现役。

2. 平底船枪

一两百年前，西方国家开始普遍吃水禽。后来，西方贵妇们把用水禽羽毛装饰帽子当作时髦，水禽在市场上逐步供不应求，于是，有人想更有效率地猎杀水鸟（主要是野鸭），开始找人设计大口径猎枪，平底船枪应运而生。

平底船枪是一种在 19 世纪和 20 世纪早期用于狩猎野鸭的大型霰弹枪，由于很大很重，后坐力强，往往被直接安装在狩猎用的平底船上，并

◎平底船枪

由此得名。平底船枪一般由私人设计制造，有的口径超过 51 毫米，能够一次性发射逾 0.45 千克弹药，主要用途是猎杀野鸭。由于平底船枪通常被固定在船身上，枪不能转动，猎人用这支枪瞄准目标时，需要调节整只船的方向来瞄准目标，即将平底船行进方向对准野鸭，悄悄接近野鸭。这种枪的威力实在太大，每打一枪，船就会因为巨大的后坐力向后移动。当然收获颇丰，可一次性杀死 50 只野鸭，多的时候一枪能猎杀 90 多只野鸭。更有甚者，为了进一步提高猎杀效率，猎手们常组织多艘船一起行动，同时开火。这种集中火力“团灭”的方式，仅一个波次的齐射就能猎杀 500 多只野鸭。最终，由于平底船枪威力太过惊人，加上这种竭泽而渔的方式，导致野鸭数量急剧减少，一度严重影响野鸭种群生存。美国政府从 1860 年开始就呼吁农场主停止用平底船枪打鸟，这种枪渐渐退出了历史舞台。迄今为止，平底船枪仍是最强大的霰弹枪。

3.“巨型左轮”手枪

在波兰的一个小乡村中，有一位左轮手枪的“忠实粉丝”，名叫莱斯扎德·托比斯。他花费了数年的时间，终于制作出了一把堪称史上最大的左轮手枪。这把“巨型左轮”是仿照雷明顿 1859 左轮手枪制作而成的。这把枪长 126 厘米，口径为 28 毫米，是名副其实的小手炮，枪重更是达到了惊人的 45 千克，相当于一位成年女性的体重。枪身以青铜、黄铜和碳钢制成，射击距离不少于 100 米。它使用的仍然是球形弹丸，分装的底火和火药，保留着早期左轮手枪的结构。2005 年，这支“巨型左轮”手枪获得了吉尼斯世界纪录的认证，成为全球最大的左轮手枪。当然，它的威力也像其枪重一样惊人，据说一枪就能放倒一头大象。不过，这支枪用来打仗可不实用，用于猎获一些大型动物还是可以的。

4.“大厄尼”步枪

“大厄尼”是一把由詹姆斯·A.德凯恩制造的超级大步枪，全长 10.18 米，重达 1814.3 千克，装在平板车上，必须由一辆卡车来拖动；它是迄今为止世界上最大的能发射子弹的步枪，而且已经被吉尼斯世界纪

◎"巨型左轮"手枪

◎ “大厄尼”步枪

录收录；“大厄尼”口径与炮相当，没有缓冲机构，只是放在架子上，当然也不能发射常规的子弹。它发射的是一种特制的子弹，使用丙烷和氧气进行发射。该枪采用电子点火发射，点火装置的电压为 12 伏特。最奇特的是它发射时声音不大，附近的人可能不会发觉。有专家对该枪的性能进行测量评估后认为，其一发子弹射出，不出意外的话可击穿一辆主战坦克。如此笨重的步枪没有实战价值。目前，该枪被放置在美国密歇根州的一辆卡车上，供游人参观，经常有人来此摄影留念。

三、枪管多得出奇

1. “米特留斯”多管枪

在“普法”战争 [普鲁士王国（后来的德意志帝国）同法兰西第二帝

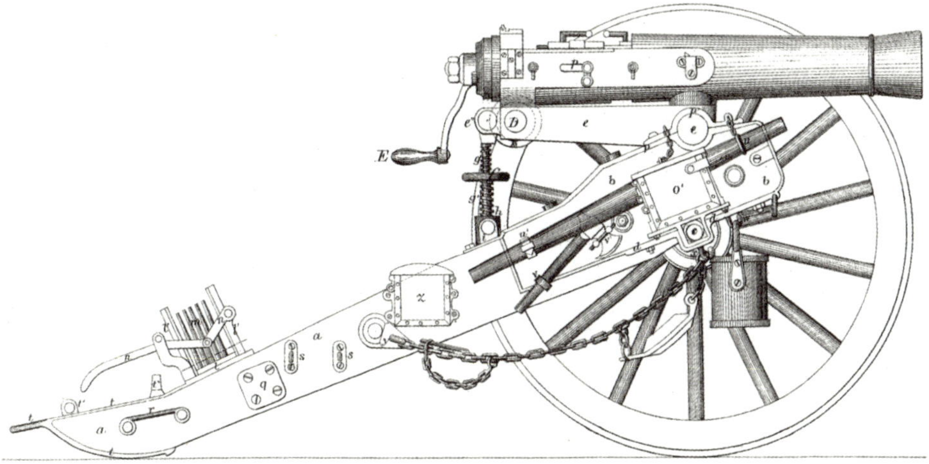

◎ “米特留斯”多管枪

国之间的战争] 中，法国拥有独门武器“米特留斯”多管枪。该枪是 19世纪50 年代法国引进的、比利时兵工厂开发的多管枪身式后装机枪，其枪管数达 25～50根，采用纸包联装弹匣后膛装填，虽然使用比较小的 13 毫米口径子弹，但是一次可同时发射几十发子弹，在 1 分钟内能齐射 5 次以上，火力十分凶猛，并能在齐射之间迅速修正弹道，达到较高的命中率。此外，该枪具有坚固可靠、射程远和射速快等优点，在“普法”战争时期，法国军队曾大量使用。由于整个枪身庞大笨重，重达 600 千克。为了便于战场机动，通常给枪安装两个大车轮，由一两个士兵推着它前进。其缺点也很明显，不仅耗费子弹多，而且枪管很容易发热，持续射击能力也很差。虽然其拥有 3500 米的最大射程，但是并没有设计专用的光学瞄具和长距离射击表尺，如果想准确射击千米以外的目标是不可能的。

“普法”战争前夕，法国一共生产了 215 支“米特留斯”多管枪及 500 万发以上的子弹，指望用其教训普军。可惜的是，该枪在“普法”战争中并没有取得预期效果。由于法国陆军将该枪作为野战炮来运用，让炮兵操作，将它部署在距前线 1000～2500 米的后方，进行大仰角射击。只有少数有实战经验的炮兵军官意识到如此运用是错误的，将“米特留斯”多管枪挂上炮盾推到距离前线几百米处实施直瞄射击，结果让冲锋的敌军瞬间化为一团血肉模糊的尸体，普军士兵惊恐万分，称其为“地狱制造机”，甚至连普军参谋本部都下达了指示，禁止步兵与法军的“米特留斯”多管枪交战，直到炮兵将其打掉为止。但是这些法国前线将士摸索出来的正确使用方法还未来得及推向全军，战争就结束了。这个战例告诉我们，拥有先进武器很重要，正确运用先进武器更重要。

2. 手摇加特林机枪

（1）一鸣惊人。1865 年 4 月，美国“南北战争”打得如火如荼，北军向彼得斯堡发起猛攻，凭借 12 挺加特林机枪和 1.2 万发子弹，打得南军尸横遍野，血流成河，为攻取南军的大本营铺平了道路。加特林机枪初次亮相就一鸣惊人。

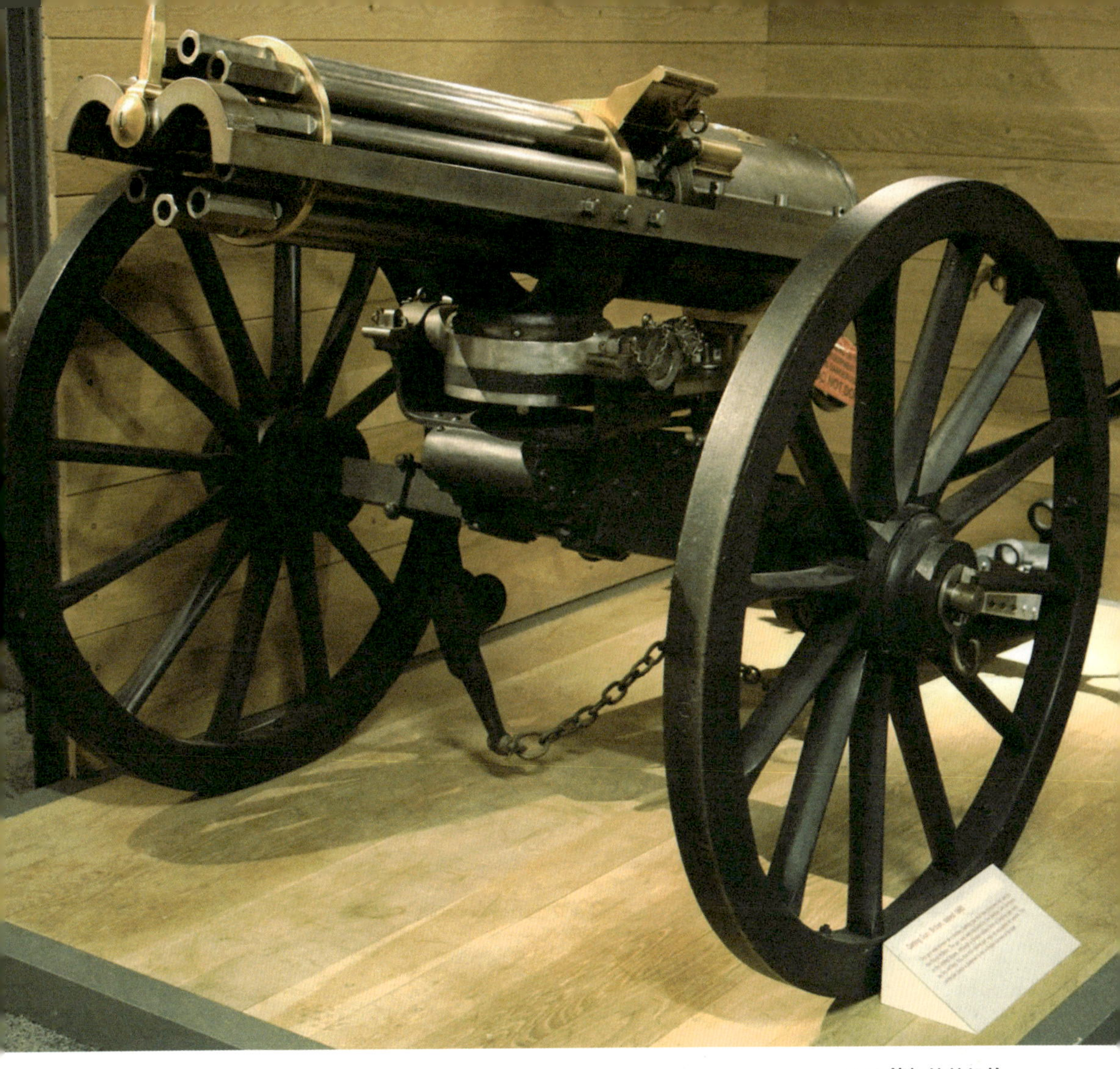

◎10 管加特林机枪

加特林机枪问世还有一个故事。1861 年美国“南北战争”爆发，作为军医的加特林看到大量士兵伤亡，决心发明一种高射速武器，使一名士兵能顶 1 个连的士兵，减少战场上兵员数量，从而减少人员伤亡。他于 1861 年年底就完成了该枪的设计。

（2）结构设计。这是一种多管机枪，把 6 根枪管并列安装在一个旋转的圆筒上，手柄每转动一圈，各枪管依次完成装弹、射击、退壳等动作，发射口径为 14.73 毫米带撞击式雷帽的纸壳弹，枪被装上车轮以便机动。该枪射速达到 200 发 / 分，在当时堪称奇迹，被后人称为“加特林机枪”。

（3）优缺点。该枪最突出的优点是能连发射击，火力猛。其缺点包括早期存在火药燃气泄漏、体积和枪重过大不利于战斗中迅速配置、机动性和隐蔽性差、需要 4 人操作、手柄转动持续过快导致机枪过热卡壳或炸膛等，这些缺点也是当时许多高级军官并不认可加特林机枪的重要原因。

（4）崭露头角。为了证明自己的发明，加特林带着他的机枪到处参加各种比赛。在一次比赛中，100 名普鲁士步兵和 1 挺加特林枪分别射击 800 米外的相同的靶子。1 分钟后，100 名步枪射手共射出 721 发子弹，命中 196 发；而加特林机枪发射 246 发子弹，命中 216 发。观摩的军官们当场领教了加特林机枪的厉害。

（5）正式列装。经过“南北战争”的洗礼，加特林机枪的巨大杀伤力得到了美国军方的青睐。1865 年，加特林机枪又做了改进，将弹膛和枪管合为一体，发射金属枪弹，机枪动作更加可靠。从 1866 年开始，美国陆军正式列装加特林机枪。到 1867—1868 年又增加到了 10 管，并开始分发给美国的边防部队。美军一直使用了四十多年之久。自第一支加特林机枪问世至今，战争样式和武器的发展都今非昔比。但加特林机枪的结构原理至今被作战飞机和军舰上的多管机枪（炮）所应用，并保留着“加特林机枪（炮）”名称，在现代战争中续写传奇。

3. 20管排枪

在“一战”时期，火力凶猛、杀伤面广的排枪被多国军队用作主战武器。其中威力“最变态”、造型最霸气、最具代表性、最著名的就是波兰人在 19 世纪研制出来的 20 管排枪。可用它强大的火力抵御外敌的进攻，把敌人打得落花流水。

据记载，在“一战”期间，主要用20管排枪来攻打敌军的阵地和堡垒，一次齐射 20 枚子弹可瞬间消灭一批敌人，甚至直接轰掉一扇城门，在 100 米射程内可瞬间将成年大象撕裂成两段，威力十分凶悍。其最大的弱点是装子弹特别慢，因此在战场之上需要 3～5 人一起保护和使用。此外，它体型庞大，也很笨重，在战场上不方便机动，需要固定在一个地方进行射击。

◎20管排枪

四、形状怪得出奇

1. 德国弯管枪

（1）作战呼唤弯管枪。拐弯射击武器的应用始于“一战”时期。在西线战场，阵地战逐渐成为主要作战样式。士兵利用战壕和掩体隐蔽时，也遮挡了自己的视线。为了使瞄准射击时士兵的脑袋不暴露在敌火力之下，在战壕潜望镜的启发下，英国人发明了最原始的战壕潜射步枪。真正意义上的拐弯枪最早诞生于德国。盟军部队在攻克柏林的巷战中，发现德国士兵使用了一种结构和功能十分奇特的弯管枪，整个人可隐蔽在墙后，枪管则沿墙角弯曲前伸，较准确地杀伤对手。盟军立即组织多学科专家进行试验，准备仿制这种弯管枪。其实，弯管步枪的研制始于“二战”初期。当时，前线士兵希望能拥有在堑壕和阵地战中，既不暴露自己又能实施射击

◎德国弯管枪

的武器。于是，德国陆军武器局向赫耐尔公司提出研制这种武器的需求。

（2）设计特点。赫耐尔公司首先着手将毛瑟步枪的枪管弄弯曲，后来又制造出一个使枪弹射击时偏向 15° 的弯曲附件装置，但是射击试验的结果却不如人愿，枪弹的偏向度不超过 12° 。1943 年 12 月，莱因姆特尔公司的赫尔夫鲁特纳博士制造出了新枪管，效果很好，弹头速度稳定，射击距离达到 700 米。试射了 5000 发弹，除 1 发失败外，其余全获成功。经反复改进后的弯曲枪管用夹具牢牢固定在枪口，在紧靠枪管弯曲处开了 5 个孔，使火药燃气从上方排出，这样虽然枪弹的发射速度降低了，但枪弹很容易通过枪管的弯曲部分。经过对多种瞄准具的试验后，最后采用了结构复杂的三棱镜，这种瞄准镜可用双眼瞄准。

（3）应用于坦克。“二战”期间为了对付敌人利用坦克的火力死角在附近投放磁性手榴弹、反坦克手榴弹，德国的研制人员通过在坦克的炮塔上部安装盘形枪架，在StG44 步枪上安装 90° 弯枪管和三棱镜瞄准具，制造出了坦克搭载型弯管枪。该枪能使士兵从坦克内部向死角的任何方向射击，射击精度为 100 米距离处可击中 35 厘米 × 50 厘米长方形目标。这种坦克搭载型弯管枪研制成功后，计划从 1944 年年底开始每月生产 2 万支，但是仅生产了大约 500 支后德国的坦克工厂就被摧毁了。

尽管如此，弯管枪仍是一项值得关注的武器技术，它以独特的结构和设计在世界武器发展史上留下了特殊的印迹。更重要的是，弯管枪的曲射设计这种“离经叛道”的逆向思维对今天的武器研制者不乏有益的启示。

2. 匕首枪

匕首枪将刀、剑等冷兵器与枪械结合起来，取冷、热兵器所长，既能劈砍和刺戳，又能射击。早在燧发枪时代就有人把短枪安设在刀、剑上，以弥补当时前装枪装弹缓慢的不足。定装弹出现后，人们仍在继续设计各种刀、枪结合的武器，大小不一，短小的居多，主要作为防身武器。这种武器在当时很受欧洲犯罪团伙的青睐。

（1）美国“千年型”转轮匕首枪。该枪比较有代表性，只有一根固定枪管，在握把后部有一个旋转弹巢，可装 6 发 5.6 毫米亚音速边缘发火枪弹，不过通常只装 5 发，空出一个弹膛作为保险，扳机为折叠式，精致而轻便；缺点是枪弹威力较小。

◎美国“千年型”转轮匕首枪

（2）俄罗斯HPC-2 无声匕首枪。这是一种将匕首与无声手枪结合在一起的武器。其特殊之处在于发射专用的SP-4 无声枪弹，在不惊扰敌人的情况下取其性命，发射时刀柄末端朝向敌方，这与其他国家产的绝大多数匕首枪枪口朝向刀尖方向不同。弹膛和短枪管装在匕首握把内，发射时，按动握把上的按钮式扳机，即可击发。在握把护手上有一个“V”形缺口，可作概略瞄准用。为防止走火，在握把上有一个滑动的保险卡榫。

知识链接

冷兵器的遗产——刺刀

最初使用滑膛枪的士兵在装子弹时，易受敌攻击，需要长矛兵掩护。此时一旦发生肉搏，由于滑膛枪很不好用，士兵就捡起折断的长矛头塞进滑膛枪的枪口，当作长矛用。随着这种情况越来越普遍，在 1640 年前后，一位有心人创制了一种刺刀，有木质锥形刀柄，在需要时可插入滑膛枪口用作长矛，但此时枪就不能射击了。刺刀若插得太紧，则不易拔出；若插得太松，容易脱落或留在敌人身上。1688 年后，法国陆军元帅沃邦研制的套在枪口外部的套筒式刺刀逐步取代了塞式刺刀。不久后，又有人在刺刀的把上安一个套节，用螺栓使

◎俄罗斯HPC-2无声匕首枪

（3）俄罗斯NRS匕首枪。该枪由俄罗斯中央精密机械研究所生产，单发射击，全枪重 0.62 千克（带刀鞘），长 284 毫米，刀身长、高、厚分别为 162 毫米、28 毫米、3.5 毫米，使用特制的 7.62 毫米口径低噪音活塞子弹，有效射程 25 米，初速 200 米/秒。此外，该枪也是非常有用的工具，可用来锯直径 10 毫米以下的钢筋；刀鞘是绝缘的，与刀身结合在一起可用来剪切电线，也可作为螺丝刀使用。俄罗斯/苏联及一些国家的特种部队装备了该枪。此类枪除采用转轮结构外，还普遍采用多个并列枪管来提高射速。

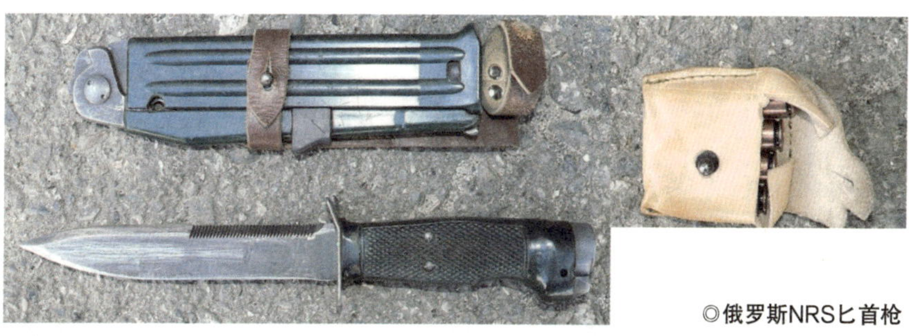
◎俄罗斯NRS匕首枪

它跟枪管牢牢地固定在一起。这种冷热兵器的奇妙结合，成了当时战场上一道奇特的风景线，功能上也兼具枪与矛的特点。到 17 世纪末，在欧洲使用的燧石枪已普遍装上了刺刀，冷兵器逐步退出了战争舞台。现代研制使用的军用刺刀刀身较短，多采用分离式，一般具有匕首、钢锯、剪刀等多种用途。

3.“芝加哥棕榈”手枪

“芝加哥棕榈”手枪算是一种比较典型的“非常规”轻武器，诞生于19世纪的法国。从外形上看，这种手枪的设计不同于以往的手枪，看起来有些诡异。

（1）结构性能。该枪外观看上去像一个弹巢平放的转轮，枪全长125毫米，枪管长50毫米，弹巢通过空心的转轴连接到枪体上，握在手里的时候，可通过位于枪体后方的推杆兼扳机转动弹巢对准枪管，发射后可打开弹巢盖取出弹巢进行重新装填。根据口径和弹巢的不同，该枪有两种：一种弹巢可装填10发6毫米口径边缘发火弹，另一种弹巢可装填7发8毫米口径边缘发火弹。在发射时手的握持方式也是不同的：将枪管夹在食指和中指之间，再用握持手的食指压下保险，然后用手掌推后面的推杆（扳机），转动转轮使有弹的弹巢对准枪管，同时连接在空心转轴里的击锤抬起，击发边缘发火弹。在射击之后因为手掌对推杆的压力减小，弹簧就会将推杆顶起恢复原来的位置，准备下一次发射。另外，这种保险应该可看作是一种比较原始的“握把保险”（当然它根本没有握把可言）。每次射击的时候，如果仅仅扣动后面的推杆是不可能击发的，这种

◎“芝加哥棕榈”手枪

情况下的击锤只能抬起一半。

（2）设计特点。这种武器的外观相当精美，枪体外多数镀铬，另外在弹巢盖上镶嵌有象牙或者贵重木材。其利于隐蔽携带，相应地可操作性差了一点。

该枪在 19 世纪 90 年代以前是由法国一家公司生产的。在 1892 年后，这种枪的生产权被卖给一家美国公司，再后来因为涉及法律纠纷，生产的很少，现存的数量更是少得可怜。美国制造的那一批被称为“芝加哥棕榈”手枪（原名叫“保护者”），成了收藏热门。

4. 铜指节手枪

（1）名称由来。名为“阿帕奇”的铜指节手枪组合（指节+铜刺+刀+手枪）是集多功能于一体的四合一武器，令人吃惊的是，它竟然是于 19 世纪中期问世的。它的设计创意在当时是极其超前的！该枪之所以被称作“阿帕奇”，是因为 20 世纪初法国的著名悍匪“阿帕奇”使用过这种手枪。

（2）设计特点。该枪的外形非常独特，握把由 4 个指孔组合而成，枪口前方增设了波浪形匕首，转轮座及指孔式握把由铜镍合金制成，转轮弹膛及匕首由钢制成。握把及匕首均可折叠，折叠后该枪体积非常小巧。黄铜制的折叠枪柄展开是枪柄，折起来就能成为打击对手的铁拳头。当用作转轮手枪时，将握把打开，手握持在手指孔外侧扣动扳机即可射击；当用作匕首时，将握把收起来。

（3）缺点。铜指节手枪的缺点是枪械杀伤威力小、射程仅 5 米多、射击命中率低，枪械上的刺刀不够厚实，较为薄软；最关键的是，该枪没有保险装置，很容易走火。从转动部件的设计上看，它更接近去掉枪管的转轮手枪。其奇特之处在于，折叠起来仅 1.5 英寸（1英寸=2.54厘米），一个成年人使用起来不太方便，如果要置人于死地，那开火时得离对方很近，因为该枪没有枪管，射程仅仅 5 米多。所以，一百多年来，枪械设计师一直不明白发明这把枪的人的真实想法。“阿帕奇”没有扳机护圈，如果子弹呈装填状态携带相当危险，搞不好就会走火。

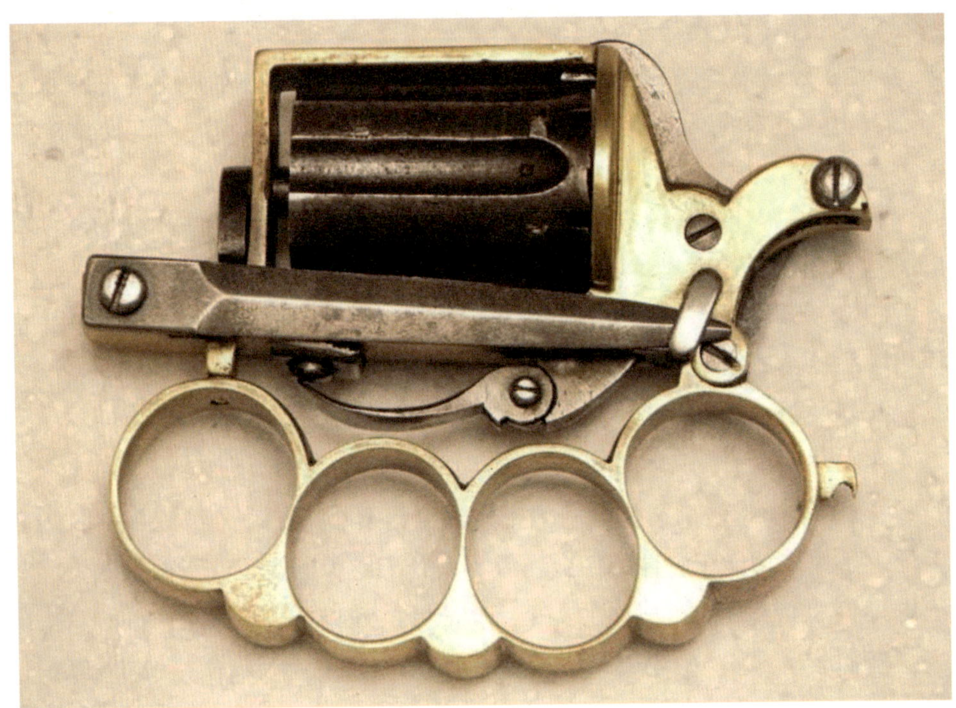

◎铜指节手枪（折叠）

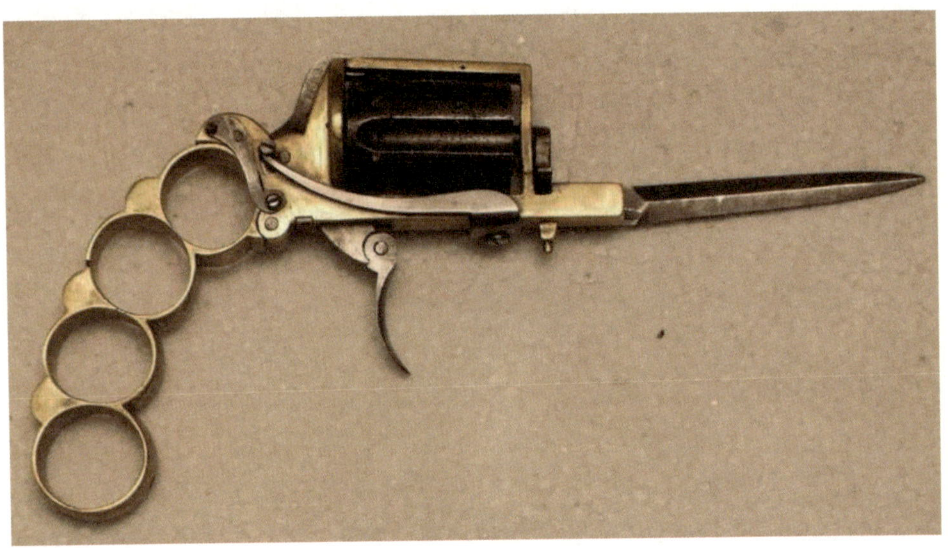

◎铜指节手枪（打开）

由于“阿帕奇”生产得不多，能幸存下来的都成为古董了，在一些拍卖中，起拍价都在4000美元以上。

五、性能特别得出奇

1. 无声手枪

微声枪俗称无声手枪，是一种射击噪声极其微弱的手枪。它采用枪口消音器及其他一些特殊技术措施，消减其射击噪声，可隐蔽射击，也可用于执行特殊任务。

（1）Mark1型无声手枪。是早期有名的无声手枪。1942年由英国研制。其外形看上去不像枪，该枪为单发武器，弹匣位于握把内部。手枪前端的消声器可有效减小机械和枪弹发出的声音。其特点是准星位于枪管中间。最常见的7.65毫米型是无扳机护圈且弹匣扣位于握把后部的Mark 2。“二战”中美军参谋长联席会议要求美国战略情报局（即中央情报局前身）研制无声手枪，专门提供给特工人员在战场后方做暗杀使用，其要求是9米外不能听到武器发出的声音，无枪口火焰，填装时间不超过30秒，枪口初速要达到305米/秒。

©Mark1型无声手枪

（2）OSS高标无声手枪。1943 年 4 月 6 日，美国战略情报局和美国西部电力公司签订了生产无声手枪的合同，后来又和贝尔电话实验室签订了研制合同，1944 年 6 月 20 日，开始量产交货，第一批订了 1500 支，定名为OSS高标无声手枪。之后又订了 1000 支。该枪全枪长 350 毫米，枪管长 171 毫米，枪高 127 毫米，空枪重 1.36 千克，弹匣容量 10 发，有效射程 15 米。

◎OSS高标无声手枪

（3）苏联无声手枪。“冷战”时期，苏联击落一架美国U2 侦察机，缴获了其飞行员携带的高标无声手枪，他们在仿制的同时也研制了自己的无声手枪。

BP和ABP：在 20 世纪 70 年代初，苏联在军用PM手枪（即马卡洛夫手枪）和APS手枪（斯捷奇金自动手枪）的基础上加装消音器，研发了PB（无声手枪）和APB（自动无声手枪），发射 9 毫米 × 18 毫米PM枪弹，装备苏联特种部队和国家安全部门，用来执行特殊任务。

MSP无声手枪：由于PB和APB这两种枪都需要加装消音器，在特种作战时不便隐藏，容易暴露，携带也很不方便，因此苏联中央精密机械研究所后来又研制出了MSP（小型特种手枪）。这是一支双管上下配置的德林杰手枪，不使用外置式消音器，结构紧凑，携带方便，发射 7.62 毫米 × 35 毫米SP-3 无声弹，一次只可装 2 发枪弹，不能自动装弹。全枪长 115 毫米，枪管长 66 毫米，全枪重 0.53 千克。该枪曾装备苏联/俄罗斯及当时的几个独联体国家，并在中美洲和阿富汗使用过。S-4 是MSP的改进型，其结构设计与MSP基本相同，也是一支双管上下配置的德林杰手枪。该枪发射 7.62 毫米 × 62.8 毫米无声弹，枪管长度在MSP的基础上增加到 80 毫米。

SP-4 子弹：尽管这几种无声手枪各有优长，但又都有缺陷。如PB和APB手枪可自动装弹，但其枪管长达 310 毫米；9 毫米 × 18 毫米弹药穿不透防弹背心。MSP和S-4 消音效果出色，可是其枪弹也无法对付身穿防弹衣的目标，更糟的是这两种枪都不能自动射击。于是，设计师们又为苏联陆军特种部队和克格勃研发一种更加有效的通用小型无声手枪，他们率先设计研制出用于新无声手枪的枪弹，即SP-4。该枪枪口速度为亚音速，最大射击距离 50 米，在 25 米的范围内，能穿透钢制防弹衣或凯芙拉头盔。由于SP-4 弹药有许多创新且性能优秀，其设计师被苏联授予了“国家奖章”。随后又研制出了配套的PSS（自动装弹特种手枪），其设计非常简单，主要由套筒座、枪机、弹匣和握把等部分组成，采用枪管后坐式自动方式。

1983 年，PSS无声手枪和SP-4 弹药开始服役，主要装备苏联特种部队。该枪射击时声音很小，且发射后枪身周围没有闪光，是一种近乎完美的微声武器，性能至今依然难以超越。

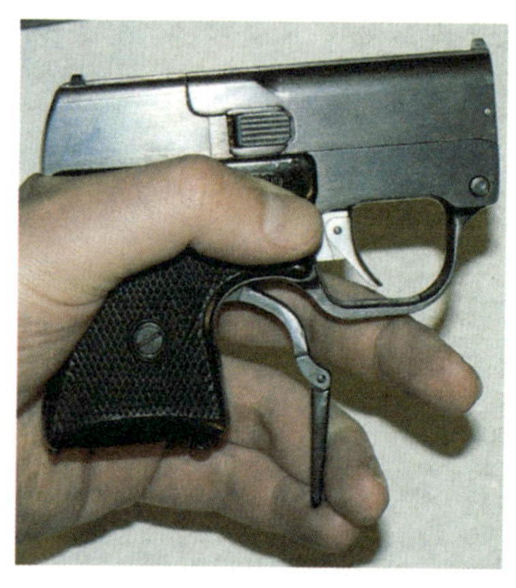

◎苏联MSP微声手枪

◎苏联S-4无声手枪

2. 喷毒手枪

（1）一击致命。1959 年 10 月 15 日，在联邦德国慕尼黑的一座公寓里，有人发现流亡西方的“乌克兰民族主义组织”领导人斯杰潘·班德拉倒在走廊地上，昏迷不醒。他被送到医院后，很快不治身亡。起初，医生诊断其死于心脏麻痹。在后来的尸检中，警察发现，班德拉的脸部有轻微的玻璃划伤，并且还残留微量的氢氰酸，这种毒剂进入人体后，会使细胞内的呼吸酶迅速失去作用，使人窒息性死亡。另外，因为氢氰酸具有强烈的挥发性，所以等到被害人被发现、送医抢救一番后，毒剂已经挥发殆尽了，可谓杀人于无形。可是，这次警察在现场发现了氢氰酸残留，由此断定，班德拉死于暗杀。并猜测凶手用的是一种可喷射毒剂的暗杀武器。其外形可与普通手枪类似，也可制成其他形状，枪管为两支金属管，枪管末端装有扳机（电源开关）和撞针，撞针的动作由一节 1.5 伏电池提供动力，其子弹是一只玻璃药针瓶，瓶中装有 5 毫升氢氰酸。撞针击破药针瓶，氢氰酸射出，与空气接触后，迅速化作雾状，这种手枪对准人的面部喷射，被袭击者可在 2 秒内即因心脏麻痹而死，却不留任何外伤。有的子弹使用氰化物胶囊。枪手在射击后，需立即吸食解毒药，否则会和袭击者一样死亡。

◎喷毒手枪（氰化物气枪）

（2）案情揭晓。苏联克格勃官员伯格丹·施塔辛斯基于 1961 年叛逃到联邦德国，主动承认他暗杀了斯杰潘·班德拉。根据施塔辛斯基的供述，联邦德国警方最终找到了他杀人后抛弃的那支管状手枪。这是克格勃研发的一种暗杀武器，外形类似两支钢笔并联，底端有一个小小的开口，另一端装着笔夹状的扳机。

3. 攻防一体头盔枪

由于士兵在射击时，必须将头露出地面才能瞄准，这就成了敌人瞄准的靶子。因此，一线作战的士兵伤亡最大。联邦德国的武器设计师绞尽脑汁，想设计一种既便于隐蔽，又能最大限度发扬火力的枪。一个偶然的机会，他们在翻阅整理有关“二战”的一些实战照片时发现，一名士兵将枪支在由阵亡同伴的头盔堆起来的空隙中射击，好像是在一个小碉堡里向外射击。有位设计师来了灵感，浮想联翩，联想到攻防兼备的坦克，便和大家一起研究论证，确定要制造一种最新式的头盔枪。这种新型攻防两用枪，既可杀敌，又能保护头部。其枪管装在头盔的顶部，在前额部上方装有光学瞄准具，当前方出现目标时，只要用瞄准具“锁住”目标击发，便能连续射击。该枪使用 9 毫米口径无壳弹，弹头初速高达 580 米/秒，命中率高，射程较远，杀伤力大，而后坐力甚微。

除此之外，该头盔还能抗住 500 米以外的步枪直接击中，对核生化武器的伤害也有一定的防护能力。该头盔装有 12 频道的微型收发机及配套使用的耳机和传声器，可在 1000 米范围内与同伴保持联络。其优点是多功能、反应快、命中率高、便于使用者隐蔽，也有利于减轻单兵负荷。

◎攻防一体头盔枪

第2章

当代奇枪 战场扬威

当代奇枪除外观形状奇特之外，更多的是表现在性能上。它们或打得远，或打得狠，或打得准，或打得巧，令人惊奇。

一、形状奇特独出心裁

1. 造型前卫的以色列Tavor TS12 半自动霰弹枪

2018 年 1 月 23 日，在拉斯维加斯举行的美国年度射击、狩猎枪械展上，以色列新推出的Tavor TS12 半自动霰弹枪最引人注意。大多数人首先是被它那前卫科幻的外表吸引，同时又对它优良的性能感兴趣。这款枪很特别，射速快、弹夹储量大，操作简单且容易保养，非常适合家庭自卫和当作猎枪使用。该枪是一款气动式半自动霰弹枪，具有 3 个旋转匣管，每个匣管可容 5 发霰弹枪子弹，总共可装弹 15+1 发。换匣速度快，操作简便。它外表相当厚实，看起来很笨重，枪长 71 厘米，重 3.6 千克，初次

◎以色列Tavor TS12 半自动霰弹枪

◎以色列Tavor TS12 半自动霰弹枪进行测试

使用旋转管匣会不太适应，但是操作习惯之后就好了，后坐力并不强，枪口也不太上扬，平衡效果好得惊人。枪的上方有战术滑轨，可安装内红点辅助瞄具，或者手电筒与其他配件。该枪在美国作为“家庭防御”武器销售，最初的售价约为 1400 美元。

2. 圆筒弹匣的俄罗斯“野牛”

（1）子承父业。1993 年，苏联/俄罗斯AK系列枪设计者的儿子维克多·卡拉什尼科夫和SVD设计者的儿子阿列克赛·德拉贡诺夫两人子承父业，共同设计出一种新颖的冲锋枪，命名为“野牛”。其机匣有AK系列特色，事实上有 60% 的部件可与AK100 系列突击步枪互换，其发射机构完全取自AK74M，不过采用自由枪机。它可根据用户的要求更换不同样式的瞄具和枪托。

（2）性能对比。该枪最大特色是采用 64 发容量的合成材料制筒形螺旋式弹匣。虽然美国卡利科公司早已生产出类似原理的螺旋式弹匣，但其弹匣位于枪的后上方，使重心偏后，而且瞄准基线高。而“野牛”冲锋枪的弹匣位于前下方，本身可充当护木，不但重心位置适当，而且在持续射击后还可起到隔热作用。另外，卡利科冲锋枪的螺旋弹匣可靠性和耐用性都不高，因此没有部队或执法机构采用，目前仍然在民用市场上挣扎。而

◎俄罗斯“野牛”冲锋枪

“野牛”冲锋枪的弹匣装弹容易，可靠性很高，故障率比卡利科低，目前已经被俄罗斯特种部队采用。

（3）改进升级。“野牛”冲锋枪最新改进的弹匣在右侧有四个开口，并分别标有“4”“24”“44”“64”的数字，用于显示弹匣中的余弹量。新的弹匣还在下端面增加防滑纹。快慢机/保险柄有保险、半自动和全自动三档，膛内镀铬。全枪金属表面做黑色磷化处理，空枪重 2.1 千克，带空弹匣重 2.47 千克。大量试验数据表明，该枪有很高的精确度，射速为每分钟 650～700 发，可使用标准型和加强型的马卡洛夫手枪弹。

3. 弹匣透明的比利时P90

比利时FN公司于 20 世纪 90 年代初研制的P90 是世界上第一支单兵自卫武器，它由机匣、弹匣、枪管和瞄具、枪机和复进簧系统 4 个部件组成，总共只有 69 个零部件，除枪管、枪机和一些弹簧等少量零件由钢制成外，其机匣、弹匣、击发机构等27个零部件均由高强度工程塑料制造而成。

（1）外形特点。比利时P90 采用非常规的外形设计，其枪托为无托结

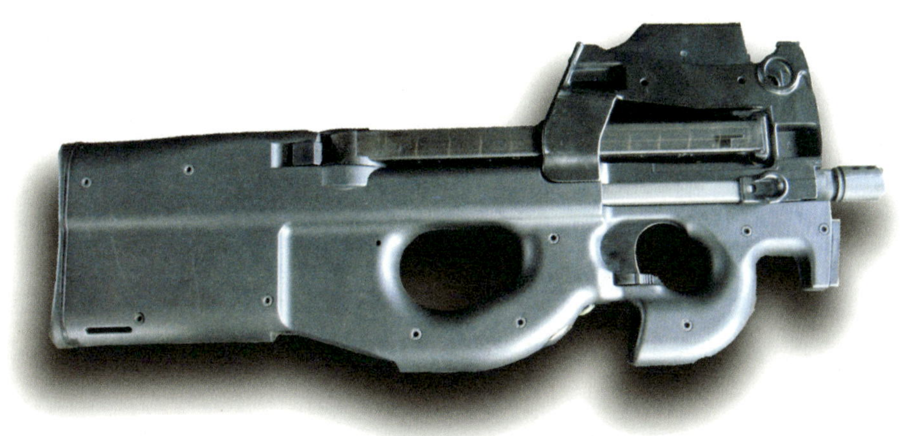

◎比利时P90 单兵自卫武器

构，呈直线形。这种结构能将后坐力直接沿枪管轴线传递到射手肩部，有助于控制武器，减小枪口的跳动。机匣和击发机构装在枪托里。没有采用传统的小握把，而是在机匣的前端设计了一个可伸进大拇指的带孔握把，握持时枪托与射手的前臂成一直线。另一只手的拇指伸到扳机护圈里，整个手握住了扳机护圈的底座。在带孔握把的前面还有一个垂直的安全挡块，以防止射手将手指伸到枪口处。此外，由于枪身外表无高低不平或突出棱角，加之枪背带的设计十分合理，使得P90 方便携行，无论是肩挎、背挂，还是胸挎均不影响执行任务。P90 的弹匣由透明的聚碳酸酯制成，容量为 50 发，射手可随时检查弹匣内的存弹数，为防反光，表面做了处理。弹匣安装在枪管轴线之上的机匣顶部，且与枪管轴线平行。采用这种安装方法不会增大武器的外形尺寸，从而使武器的结构更加紧凑，不仅携行方便，还便于卧姿射击。

（2）可左右手射击。由于该枪是按两面都能操作的要求设计的，故射击完的空弹壳直接向下抛出。抛壳窗位于弹膛后部、机匣下方中央处，在带孔握把的后面。因此，抛壳不会影响左右手的使用，灼热的弹壳也不会危及射手的脸部。再者，弹壳经过抛壳窗的侧壁抛出，这样就减小了弹壳的冲量，射手卧姿射击时也不成问题。

4. 外表光滑的比利时F2000 突击步枪

（1）由来。比利时FN公司的F2000 突击步枪的出现，标志着常规突击步枪概念的转变。以前突击步枪是将战争需求放在首位，但随着国际形势的变化，西方国家的士兵要执行的任务多是联合国维和行动、人道主义援助或执法行动。1995 年，比利时FN公司着眼需求的变化研制新的武器系统，F2000 突击武器系统应运而生。

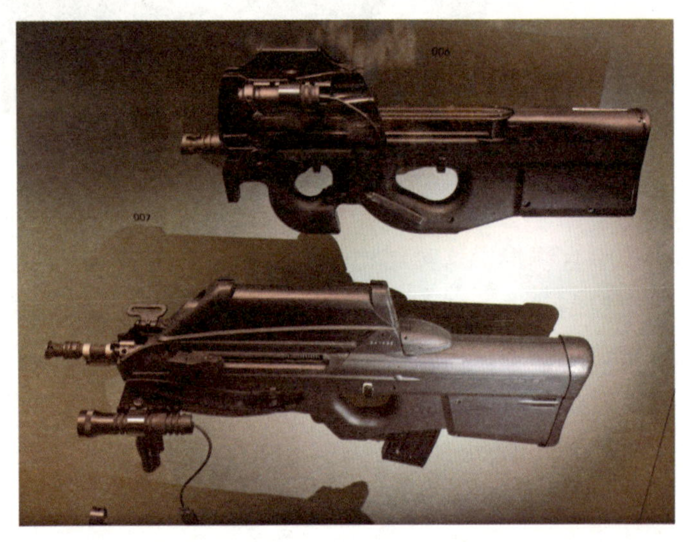

◎比利时F2000 突击步枪

（2）设计结构。其口径 5.56 毫米，整体为无托结构，是第一支真正能供左右两只手操作的无托步枪，大量采用聚合物部件，外表光滑，呈流线型，结构紧凑。共有 3 种型号：带光学瞄具的基本型、带 40 毫米榴弹发射器及折叠式机械瞄具型、带 40 毫米榴弹发射器及火控系统型，它们均可戴夜视眼镜使用。该枪采用M16 步枪所使用的标准 30 发弹匣供弹，弹匣卡榫戴上防核生化手套也可使用。F2000 附件包括可折叠的两脚架及可选用的装于枪口上的刺刀卡榫。如果需要，还可在皮卡汀尼导轨上安装夜视瞄具。根据需要，F2000 的前握把可卸下，换上一个由FN公司生产的 40 毫米口径的低速榴弹发射器。FN公司采用了简单的火控系统，可用于步枪瞄准，但其主要功能是精确测量并显示目标的距离。F2000 的火控系统可适应于 6 种类型的 40 毫米榴弹，该系统还可编程以适应未来的改进弹药，包括 20 毫米、30 毫米或其他有特殊需求口径的榴弹。另外，配用F2000 的还有在研中的可编程电子射速控制器，进行远距离单发射击或低射速射击时，能提高命中概率。

（3）性能。经综合设计，F2000 的枪重较轻，平衡性很好，易于携带、握持、使用，同样也便于左撇子使用。使用光学瞄具瞄准容易，即使在昏暗环境下，目标图像也比较清晰。前抛壳使点射时没有弹壳抛出。连发射击时，枪身很平稳，后坐力没有想象的 5.56 毫米口径步枪那么大，简直可忽略不计。带榴弹发射器的F2000 也很容易使用，因为扳机的位置很自然，接近于步枪扳机，装填榴弹并不像其他榴弹发射器那样困难，即使用机械瞄具，榴弹发射器也很好用。全枪重 3.5 千克（带空弹匣），全枪长 694 毫米，枪管长 400 毫米，理论射速 850 发/分，榴弹发射器质量 1 千克。

5. 小巧的超微型手枪

（1）特点。超微型手枪的体积和枪重比微型手枪还要小。通常都十分小巧精致，但却是可发射的真枪，其结构与普通微型手枪相差无几，只是改为发射口径更小的枪弹，最小的超微型手枪甚至可当作钥匙扣，是便于隐藏携带的特工枪。

（2）结构设计。超微型手枪是靠巧妙的结构设计来减小体积，最常见的是采用折叠结构，这些手枪口径仍然可保持在 5.6 毫米左右，具有足够的杀伤力，因此仍被选用作自卫武器。

（3）“瑞士迷你枪”。2005 年，瑞士迷你枪公司推出了曾经风靡一时的世界最小的手枪——“瑞士迷你枪”，长仅约 5.5 厘米、高约 3.3 厘米、宽约 0.76 厘米，重 19.8 克，轻巧得惊人，能轻易隐藏在袖子中。这款“瑞士迷你枪”个头虽小，威力却不容小视，它能发射长 9.13 毫米、弹头长 4.53 毫米、2.34毫米口径的特制子弹，最大射程为 100 多米，子弹时速可达 400 多千米，威力足以能穿透人的心脏，可见这款迷你手枪并非简单的玩具，而是一款杀人利

◎ “瑞士迷你枪”

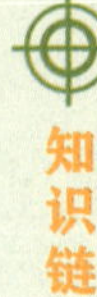

知识链接

左轮手枪的发明

柯尔特是美国的武器发明家，1814年6月19日出生，从小就喜欢摆弄枪械。担任丝绸厂老师的父亲给他买来了各式各样的手枪，小柯尔特总喜欢把每一种枪都拆开，以探究其内部奥妙。16岁那年，他乘船长途旅行，经常跑到驾驶舱玩。那时他一直琢磨着如何把新式击发枪原理与旧式转轮枪结合在一起，他看着舵手手扶舵轮，时而向左转，时而向右转，一下子对舵轮着了迷，突然激发了他的灵感。他从舵轮的转动原理联想到改进燧发转轮手枪圆筒式弹仓（转轮），在旅途中构思出了木柄单动式左轮手枪的基本结构。此前所有的转轮手枪都是手动式

器。由于小巧而易于隐藏、携带，更适用于特工。

普通版“瑞士迷你枪”由不锈钢制成，外形仿制柯尔特蟒蛇型左轮手枪，人们可把它挂在钥匙扣上作装饰，也可放在衣服兜里，它是世界上最小的左轮手枪，同时配备着世界上最小的左轮手枪特制子弹。袖珍版手枪售价为 4500 英镑（约合人民币 4.2 万元），而定制的纯金版售价高达 30 万英镑（约合人民币 280 万元）。这款“瑞士迷你枪”是瑞士迷你枪公司制的第一款手枪，已作为个人收藏品上市。

二、变形奇葩出人意料

1. 变身成手机的手枪

（1）设计。手机手枪是指形似手机的手枪，隐蔽性极强，设计极为精巧，折叠时和一部普通手机几乎无区别，只是比真正的手机重一些，既不能接听电话，也不能拨打电话，只是一种伪装成电话的手枪。打开这种“手机手枪”滑盖，便可将 4 发 0.22 英寸口径子弹分别装入 4 个独立的隐藏式弹膛，此时只需轻触其“5”“6”“7”“8”四个数字键，便可连续发射 4 发子弹，可在 10 米距离内对人构成严重威胁，出其不意地给敌以致命一击。

（2）曝光。手机手枪的首次发现是 2000 年 10 月 5 日在荷兰阿姆斯特丹，警方在一次追捕毒品犯罪嫌疑人的行动中，在其保密箱中发现了 8 支 4 发手机手枪。经过调查，发现这批手机手枪来自前南斯拉夫地区。据说，这种“007 武器”早已在欧洲的地下黑市上广泛销售，欧洲和美国的警察对此非常担心。因为每天随身携带手机乘坐飞机的人成千上

的，而柯尔特的转轮是由待击发的击锤转动，其独特之处在于，弹仓作为一个带有弹巢的转轮，能绕轴旋转，射击时，每个弹巢依次与枪管相吻合。由于左轮手枪结构简单、操作灵活，很快受到各国官兵和警察的喜爱。19 世纪中期以后，这种枪更是风靡全球。一直到 1986 年，左轮手枪基本被大容量半自动手枪取代。在枪械更新换代如此快速的年代，左轮手枪能耀武扬威一个半世纪，不能不说是一个奇迹。

万，在警察眼中，都可能是潜在的恐怖分子，劫机概率将大幅增加，令人防不胜防。

（3）结构。手机手枪的结构比较复杂，制造难度较大，只有专业人士才能做到。另外，美国Ideal Conceal公司于 2016 年 6 月推出一款在“闭锁”状态下几乎和智能手机一模一样的“手机枪”，扳机和扳机护环隐藏

◎变身成手机的手枪

在枪柄内，所用零部件产自美国。该枪有 2 支枪管，只能发射 2 颗 0.38 英寸口径子弹，可安全地放在手提袋或裤袋里随身携带而不会让人发觉。其安全装置在正常状态下是打开的，按下扣板即可开火。每支售价 395 美元。该枪的造型深受枪迷们的欢迎，但是，反枪支组织和执法机关担心该枪会加剧枪支暴力。因为无法确认持枪者是好是坏，手枪在公众场合的隐蔽性越高，人们越担忧。而且，人们也可能会把智能手机误认为手枪。也有一些人认为这种手枪是为罪犯打造的，增大了警方查枪的难度，而造枪者则称，手枪适合那些隐蔽携枪的警察使用。

2. 变身成卡片的折叠手枪

“拓荒者”轻武器公司于 2014 年开始研制并于2018 年推出了一款新型卡片式折叠手枪。公司总裁阿隆・沃伊特曾先后在美国海军陆战队和美

◎变身成卡片的折叠手枪

国陆军服役。他表示，其团队花了大量时间用于选择合适的材料和口径，并反复进行对比试验，终于将手枪缩小到信用卡的尺寸。

（1）救命“利器”。虽然手枪对美国人来说是再常见不过的防身武器，但若一位未穿制服的男士，腰里别着一把手枪，在公共场所招摇过市，很容易引发恐慌；对于女士而言，若包太小会装不下手枪，若包太大装着枪可能磕碰走火，难以两全其美。而该枪能方便地装进裤子口袋或女士钱包，堪称紧急时刻的“救命”利器。于是，公司将其命名为“性命卡”。

（2）特点。“性命卡”手枪采用 0.22 英寸口径，弹药为.22 LR型，具有低噪音、低后坐力、高准确性、高有效距离的特点，即使女性也能单手击发。该枪在折叠后长约 8.6 厘米，宽约 5.4 厘米，厚约 1.3 厘米，枪重也被限制在 200 克，十分小巧轻便。使用者只需按下枪体表面的两个开关，就能将其从折叠状态展开并弹出扳机。

（3）子弹便宜又好买。该枪为单动单发设计，套筒、枪管等部件使用了高强度钢材料，扳机和握把使用轻质铝材料。由于体积小巧且采用折叠设计，该枪没有弹匣供弹，只能射击一发后再手动装填一发，握把中空，可容纳 4 发子弹。虽然子弹不多、口径较小，但.22LR子弹也能对 20 米外的软目标造成杀伤。选择.22LR子弹，除了威力适中、适合女性和新手，还有一个重要原因就是常见和廉价。据统计，.22LR子弹是目前世界上使用普遍的子弹之一，也是少数几种步枪和手枪通用的弹药，在美国常见枪支商店 .22LR子弹的售价每发不到 4 美分。“性命卡”手枪已经得到了美国酒精、烟草和火器管理局的销售许可，单价约为 400 美元。

3. 变身成公文包的MP5K冲锋枪

（1）由来。20 世纪 70 年代，恐怖分子袭击重要人物案件时有发生，他们多采用火力猛烈的冲锋枪和突击步枪。而保护政要的警卫使用的枪械，为了让隐蔽性更好，外观一般都比较小巧，威力不大，持续火力很差，难与恐怖分子抗衡，迫切需要伪装性好但火力同样猛烈的全自动武器，于是，德国HK公司专门为政要保镖量身定做了MP5K公文包枪。

（2）外形。MP5K冲锋枪特别考虑隐蔽警卫、避免引人注目的需要，其扳机和保险通常可通过提包把手上的联动装置操作，直接在提包内发射。该枪虽然块头比较大，但是隐蔽性很好，威力很大，持续火力也很好。其制造过程比较简单，就是将一把MP5K短管冲锋枪固定在一个普通的公文包里，再设计一个开关就行，不需要对枪本身进行任何改造，以便隐蔽携带。当时美国和欧洲很多国家政要的保镖公文包中携带的是经过特殊改造的MP5K冲锋枪。这种冲锋枪缩短了枪管，去掉了枪托，使得枪身整体更加短小，以便放进公文包内。

（3）优缺点。MP5K冲锋枪通过机械连杆等部件，把扳机延伸到了公

◎变身成公文包的MP5K冲锋枪

文包的提把上。在紧急情况下，保镖不打开公文包就可直接开枪射击，为保护政要安全赢得先机，既满足了伪装需求，又满足了火力需求。西班牙等国政府曾采购此枪。当然，其缺陷也很明显。其中，最重要的一点就是不能准确瞄准，而且当枪身弹夹内的子弹打完之后，还需要把MP5K从箱子中取出来后才能更换弹夹，步骤相当烦琐，所需时间也较长。

4. 变身成手提式收音机的折叠冲锋枪

20 世纪七八十年代收音机很普遍。美国一个枪械公司由此得到灵感，研制出了折叠式冲锋枪。该枪从外形上看就是一个满大街上流行的收音机，但是一打开，就是一支杀伤威力大、火力猛的冲锋枪，其伪装性极好，很适合特工使用。

（1）FMG冲锋枪。第一支实用化的折叠冲锋枪是美国阿雷斯公司研制的FMG。该公司的创始人就是大名鼎鼎的M16 的设计师尤金·斯通纳。20 世纪 80 年代初期，各种恐怖袭击层出不穷，在西欧和拉丁美洲，还出现了一些美国政界人士、富商大贾遭绑架的事件。斯通纳因此开始构思一种“商用个人防卫自动武器”，既可个人隐蔽携行，又能提供近距离内较

◎美国FMG冲锋枪打开及折叠状态

强火力的冲锋枪。斯通纳和法国工程师弗朗西斯·韦林共同完成了相关设计。20世纪80年代后期该枪定型，被命名为FMG，并因其外形被称为“收音机冲锋枪”，可被折叠成一个方盒的形状，体积小巧，利于隐藏，但只需两三秒，就能完全打开并呈待击状态。

该枪具有一支冲锋枪的所有功能，可选择单、连发，发射标准的9毫米巴拉贝鲁姆手枪弹，由20/30发直弹匣供弹，空枪全重2.38千克，全枪展开长503毫米，折叠后长262毫米，枪管长180.5毫米，理论射速650发/分。该枪没有安装任何瞄准具，射手只能通过机匣顶端中线概略瞄准，精度仍能满足实战需要，在23米距离上，能够保证击中标准的人形靶。但阿雷斯公司一直忙于其他项目，最终FMG未能批量生产，但这并不影响该枪在结构设计上的创意与创新。

（2）美国UC-M21冲锋枪。无独有偶，就在同一时期，美国一位叫大卫·博特曼的武器制造商也在推销自己设计的UC-M21冲锋枪，该枪尺寸与FMG十分接近，形状也与FMG惊人地相似，尤其是前后两段式的机匣设计以及折叠方式都基本相同，只是更重一些。UC-M21实际产量很小，加上美国法律对民间收藏的限制，该枪实际上是一种罕见的武器。虽然折叠冲锋枪在美国没有发展起来，但俄罗斯看中了此类武器的隐蔽性。

◎美国UC-M21冲锋枪

（3）俄罗斯PP-90 冲锋枪。20 世纪 90 年代初，俄罗斯内务部要求图拉武器设计局在FMG基础上研制一种折叠冲锋枪，并将其作为特种武器配发给特工、安保人员使用，名称为PP-90，它外观很像FMG，弹种为俄制式的 9 毫米 × 18 毫米马卡洛夫手枪弹。该枪折叠后可很方便地用隐藏在衣服内的专用枪套携行，不过该枪在实际使用时，展开并完成射击准备需要一点时间，分解保养也比普通冲锋枪麻烦，因此限制了其发展，加上该枪多由特殊部门人员使用，因而实际装备量不大，知名度也较低。

◎俄罗斯PP-90 冲锋枪

（4）FMG9 冲锋枪。折叠冲锋枪中最前卫的首推FMG9，它由美国马盖普公司专门为间谍等隐秘的隶属于国家组织的特殊职业制造，因其结构紧凑、体积小、轻便、可折叠，便于隐藏携带接近目标，该枪在 2008 年美国年度射击、狩猎枪械展上推出，它实际上是阿雷斯FMG和UC-M21 的后继型，外观与UC-M21 冲锋枪非常相似，也是一个带有提把的方盒形状，

知识链接

自动武器之父马克沁

马克沁是英裔美国人，1840 年出生，家境贫寒，10 多岁就辍学当学徒。但他勤奋好学，不仅自学了许多专业书籍，而且用他那双灵巧的双手制造了多种精巧的仪器，成了美国著名的电器机械发明家，表现出过人的创造性。他有一次去欧洲考察，发现 10 支枪管的加特林机枪竟需要 4 名射手用手摇动机械射击，非常笨重，而且射速不高，他想另辟蹊径，将它改进成一种能快速射击的自动枪。他首先要解决的问题是找到实现自动化的能源。有一次，他在用一种老式步枪射击时，发现自己抵着枪托的肩膀被撞得挺疼，这是枪在射击时产生的后坐力造成的。当时的

◎美国FMG9 冲锋枪

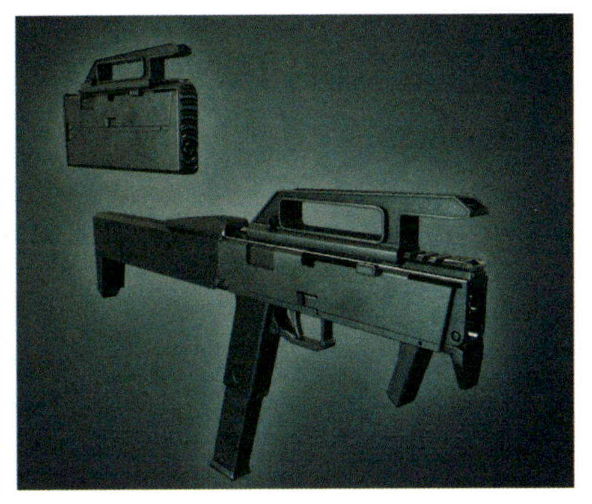

但大量采用工程塑料，细节部分更加完美，外观和手感更好，同时体积更加小巧。提把上除安装有瞄准具外，还装有一个强光手电，同时提把是安装在机匣顶部增设的皮卡汀尼导轨上，必要时也可取下提把而换装其他瞄准具。其核心部分实际上可看作一支加长枪管的格洛克手枪，弹匣则借用了“格洛克”17 的弹匣，弹匣卡榫的设计也完全相同。FMG9 的展开过程出奇地简单，只需拎着提把向下一甩，利用部件的惯性，枪托和握把就会依次自动展开并锁定到位，接下来只需子弹上膛便可射击。收起时步骤稍微烦琐一些。但因枪体较轻，开枪时的后坐力会影响射击精度，且没有瞄准镜。尽管如此，FMG9 便于隐藏，并具备超高射速和超大的弹药量，这种集轻巧与火力于一身的特点备受特工的喜爱。

5. 变身成手电筒的手枪

该枪是一种组合式两用手电筒枪，根据手电筒的形状制造，外观和普

人们对此熟视无睹，而马克沁一下子联想到，能否利用后坐力使枪完成开锁、退壳、送弹、重新闭锁等一系列动作，从而实现枪的自动射击呢？他立即按照这一思路对当时使用的步枪进行反复摸索和试验。功夫不负有心人，他终于在 1883 年研制成功了世界上第一支真正的自动步枪。在此基础上，他于 1884 年发明了世界上第一支真正自动化的机枪，它采用枪管短后坐原理，以膛内火药燃气作为机构运动的动力，通过曲肘式机构完成开闭锁和待击，用布料弹带供弹，水冷枪管，能长时间连续射击，射速达每分钟 600 发，从而开辟了枪械自动化的新纪元。

通的手电筒差不多，但在电筒体内有转轮手枪机构，平时可用作照明，需要时把后盖打开就可用作枪，在手握处设置扳机和保险机构，使用起来习惯顺手，弹膛为可分离式，能像弹夹一样设置备用，便于在使用中快速装弹。不设专门的瞄准机构，以方便携带，可由光柱焦点引导弹着点，是一种适用于警用的枪械。其中，威力大的首推美国ARES防务系统公司开发出的霰弹枪式手电筒（Mag-Lite）。2006 年美国技术博客网评出“十大最酷的间谍工具”，这款霰弹枪式手电筒名列第三，它不但能发挥普通手电筒的照明功能，还能用作 0.41 英寸口径的霰弹枪。其枪栓被设计成手榴弹式，厉害的是该枪能在对手身上轰出一个直径 10 厘米的大洞。迷你型Mag-Lite能发射 0.38 英寸口径子弹。其设计很隐蔽，在一支手电筒里安装了火力强大的霰弹枪，平时晚上可用来照明；在需要时，只要把后盖打开，大致瞄准对方的位置就可射击了，火力十分强大。它是近年来西方国家设计的一款隐蔽性较好的防身枪械，因其易携带、伪装性好、杀伤力强，而且还有多种颜色可选择，推出后极为热销，多国不法分子也对它十分青睐。

◎变身成手电筒的手枪

三、造型奇幻酷炫惊艳

1. 外形古怪的“短剑”冲锋枪

2005 年，美国TDI公司公布了一种外形古怪的KRISS Super V MK5（“短剑”）冲锋枪（KRISS在瑞士语里是短剑、匕首之意），发射0.45英寸口径子弹。这类手枪弹较 9 毫米口径弹药的停止作用更为出众，但通常有个毛病，就是后坐力较大且连发射击时枪口上跳幅度较大。而该枪采用一种特殊技术，利用不均匀的后坐力和同轴式设计，能够减小射击时枪口上跳幅度的 95%，后坐力则大幅度减小。该枪样枪的设计方是瑞士人，技术专利的研发则由法国人雷诺·凯尔布拉完成。生产厂家拟用其作为未来的单兵自卫武器。

在 2007 年美国年度的射击、狩猎枪械展上，TDI公司正式推出了造型比较另类的“短剑”原型枪，其比原来瑞士人设计的样枪改进很大，更为

◎“短剑”冲锋枪

◎长枪管型“短剑”冲锋枪

实用，以它超酷的造型和特别有效的系统结构成了展会上的明星。

2008 年该枪的量产型问世，主要改进是降低枪管轴线高度，减小了射击时枪身对虎口握把的翻转力矩，进一步降低了后坐力和枪口上跳，便于在射击时能够持续保持瞄准目标。枪长约 61.7 厘米，高约 40.6 厘米，重约 2.7 千克，理论射速高达 1200 发/分。该枪采用了和格洛克手枪通用的弹匣，能搭配 13 发、28 发、32 发弹匣甚至弹鼓。不过这样一来，武器的便携性就会大打折扣。

这种和手枪通用弹匣的设计对于使用格洛克手枪的用户来说很人性化，能够省去一部分购买弹匣的成本，实战中也具备更高的灵活性。不过该枪尺寸较大，价格也比较昂贵，目前并未获得美国军方或是执法部门的大笔订单。据说美国黑水公司正在使用这种武器，其主要用户还是民间的枪械爱好者。

2. 像电锯一样的美国KAC轻机枪

KAC机枪在 2009 年美国年度射击、狩猎枪械展上推出，是斯通纳在KAC公司后期研制的产品之一，可视作斯通纳 96 轻机枪的改进型。机枪通常是配备两脚架的，以便于机枪手稳定枪身，但KAC却取消了两脚架的设计，将其换成了一个硕大的上提把，另外枪托也换上了提把的样式。据称这样可增加机枪的稳定性，进而提高精确度。此外，它还配备了下挂式榴弹发射器，威力更大。该枪换弹时间在机枪里较快。枪重 4.54 千克（空枪），枪长 895 毫米，弹匣容量 100 发，理论射速 800 发/分。价格虽然较贵，但性价比高，是不可多得的战场利器。

KAC有一个致命的缺点，那就是无法卧式射击，上提把、后提把的设计让它只适合用站姿射击，这也注定了它与军用市场无缘，毕竟军队不仅注重精准度、威力，更关注士兵的生命安全。使用这种只能站姿射击的人，在战场上就相当于一个醒目的靶子。据说有些私营军事承包商使用了这种武器。

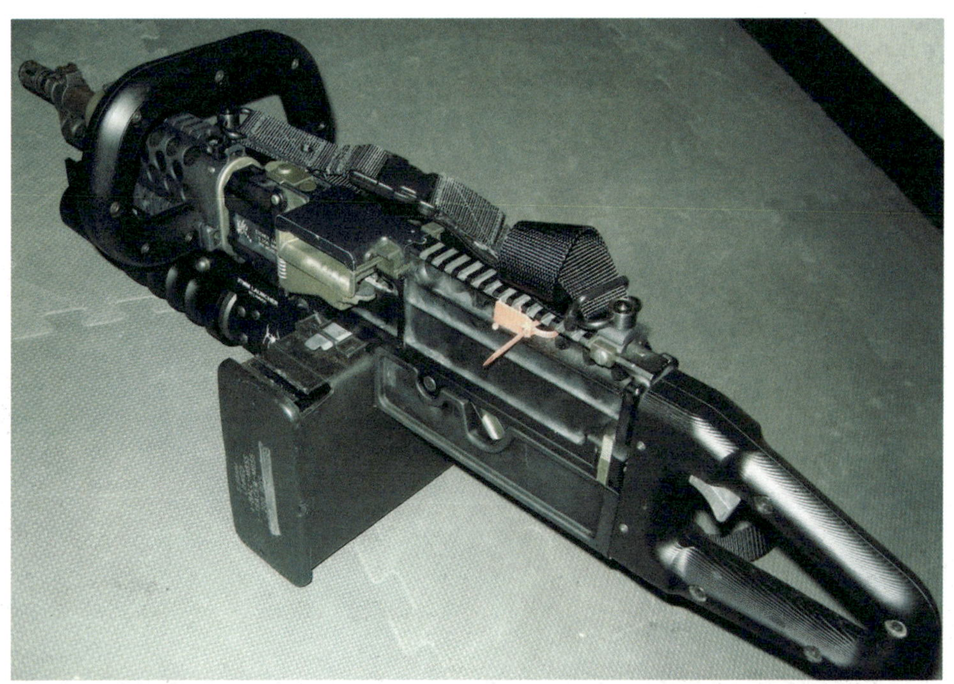

◎美国KAC锯式机枪

3. 外表“另类”的南非CR21 突击步枪

CR21 突击步枪是南非新一代步枪（CR21 意思是 21 世纪小型突击步枪），由维克多（Vektor）公司开发。该枪于 1997 年首次公开亮相，目的是取代以前列装的Vektor R4 和R5 突击步枪（南非的R4、R5、R6 突击步枪是在以色列伽利尔突击步枪基础上研制的），同时适应 20 世纪末世界轻武器变革潮流和枪械出口竞争日益激烈的趋势。

（1）设计。CR21 起初是对战斗性能十分可靠的R4 突击步枪进行改进，结果却不尽如人意。于是，军方要求着手在R5 突击步枪的基础上再进行改进。CR21 继承了R5 的内部结构，它外形怪异，采用高弹性黑色聚合物模压成型，左右两侧在模压成型后，经高频焊接成整体。其内部机件被罩在用工程塑料制成的外壳中，枪表面采用了没有棱角的曲面过渡。设计

◎外表另类的南非CR21 突击步枪

上注意了发生意外时能向下排除火药气体，避免射手脸部受伤。右侧抛壳孔的上方和后方有反射板，确保射击中弹壳向枪托前下方抛出。由于塑料件内部热量不易扩散，在射手握持的部分，内部嵌有防止烫手的塑料板，枪前端护木的上、下部均设有通气孔。后端有大的防滑槽。它无须任何改动就可实现左右手射击。枪管采用冷锻加工工艺制成，内膛镀铬以增强耐磨性。枪口消焰器有 4 条大沟槽，消焰效果良好。虽然CR21 看起来外形有点奇形怪状，但使用起来比较舒适，特别是后上盖顶部的左右侧挖成大的弯曲度，对瞄准很有利。

（2）性能特点。CR21 有个特别之处，就是采用集成的反射式光学瞄准镜，瞄准镜装有大口径目镜和向外突出的大的遮光罩，具有零放大率和大视场，便于观察，可睁开双眼瞄准，特别是瞄准镜内部的圆内有由倒V与左右水平线组合的黄色瞄准光斑，比简单的十字线与圆圈组成的瞄准线更容易瞄准，既适宜快速瞄准也适合精确射击；加之扳机扣力平稳，容易掌握阻铁的释放时机，因此具有良好的命中精度。由于该枪主体由聚合物制成，具有良好的弹性，射击后坐力比伽利尔突击步枪小得多，而且射击时的枪口上跳小，连发时容易控制。双排式弹匣也是用工程塑料制成，可重复使用 1000 次。由于该枪大量使用了聚合物材料，使枪重得以减轻，为3.8 千克，全枪长 760 毫米，枪管长 460 毫米，理论射速 650～700 发/分。CR21 突击步枪除标准型外，还有全枪长度比标准型短 100 毫米的短小型。

4. 外形霸气的DP12 双管霰弹枪

在美国 2015 年度射击、狩猎枪械展上，美国标准制造公司展出了外形酷炫的DP12 双管霰弹枪。

（1）设计结构。该枪采用了两根长度为 480 毫米的枪管，但由于是无托结构，有效地将全枪长度缩短至 749 毫米，便携性非常好。该枪其两根枪管下方各设有一个弹仓，左右边的供弹系统分别供应对应的枪管，每个弹仓容弹量 7 发，再加上弹膛里的霰弹，全枪容弹量达到了 16 发，发射弹壳长 76 毫米的 12 号霰弹。该枪上膛方式就是拉动弹仓下方护手上的前握把，每次往复拉动护手，就会把两个弹仓中的两发霰弹分别装入上方的两根枪管的弹膛内。它与双管猎枪不同，不能同时发射两发霰弹，而第一次扣下扳机时，右边枪管开火，第二次左边枪管开火。双管和双弹仓的设计，不是为了一次射击两发子弹，而是让它的子弹容量变得更大。DP12 霰弹枪全黑的外表显得粗壮威猛，暴力感十足。再想想它外号叫“喷子”，可见近战威力非同寻常。DP12 护手由聚合物制成。前握把安装在护手下方的导轨上，护手和前握把不是一体的，护手前方用一个固定环套将枪管和弹仓固定在一起。弹仓由铝合金制造，后方外露部分设有 3 个观察孔，便于观察余弹情况。枪管和弹仓的尾部与机匣固定。机匣顶部设有一段较长的导轨，一直延伸至固定环套上方。

（2）性能优良。该枪机匣后半部分由铝合金制成，并且表面进行了阳极电镀处理，左右两侧均刻有公司名称和枪号等铭文，最时髦的是在机匣后部还刻有二维码，扫描此二维码可直接进入公司网站，了解该枪的详细参数，颇有数码时代的风格。DP12 与众不同的是设有双份的托弹板、枪机推杆和枪机，其扳机组件与机匣用固定销固定在一起。扳机组件后方设有小握把，小握把上设有防滑颗粒。小握把上方设有手动保险。该枪枪托尾部设有一个很厚的橡胶缓冲垫，能有效降低后坐力对射手肩部的冲击。DP12 这种双管唧筒式设计比较罕见，双管双弹仓设计本身就给人比较粗壮、结构复杂、非常笨重的感觉。事实上DP12 空枪重 4.4 千克，对于高大健壮的射手来讲并不觉得很笨重。不过，当装满 16 发霰弹后，这枪确实不轻，但在射击时也能抵消一部分后坐力。该枪安装了一个瞄准镜，可让射击精准度更高。该枪射速较高，最快时用 6 秒就打光了 16 发霰弹，比普通唧筒式霰弹枪快得多。该枪可靠性好得出奇，无论是将该枪放入专门的加热箱中加热到 50℃，还是放入冰箱中冷冻到-40℃，取出后立即射击都

知识链接

索姆河畔的屠杀

1916 年 7 月 1 日晨，英法联军在法国北部的索姆河地区向德军发起了大规模进攻。当天法军和主攻方向上的英军都突破了德军第一道阵地，但英军左翼则毫无进展，急红了眼的英军指挥官命令部队采用密集队形，潮水般地轮番冲锋。可是德军沿 40 千米正面平均每百米部署一挺马克沁机枪，狂吼着喷射出密集弹雨，像割韭菜式似的将蜂拥而上的英军扫倒了一片又一片。仅在进攻的第一天，就有近 6 万英军丧生。其实，在马克沁机枪问世之初，并非所有的国家都认识到了它的重要性。早在马克沁机枪问世之前，法国就装备了少

◎外形霸气的美国DP12 双管霰弹枪

量的手摇式机枪，但把它们当作火炮而不是步兵武器使用。当法国在“普法”战争中败北后，法军认为机枪并未带来优势，对使用机枪并不积极。英国军方曾在 19 世纪末推荐使用机枪，但英国议会考虑到费用昂贵，拒绝为研制机枪拨款，结果英国陆军只得使用标准步枪进行速射操练。而德国人则正确地总结了战争的经验教训，在陆军中大量装备马克沁机枪，“一战”爆发时装备数量超过了 12500 挺。在防御作战中，德军将机枪与战壕和铁丝网相结合，把战场变成了“屠宰场”，并终结了那种以密集队形轮番冲锋的“人海”战术。铁的事实再一次证明，技术的进步必然引发作战方式的变革，创造奇迹的常常是首先掌握和正确运用新技术装备的一方。

完全正常；无论是仰射、俯射还是左转 90°、右转 90° 平放射击，都没发生故障；更令人服气的是，DP12 连续发射了 11000 各种不同型号霰弹都没有问题，堪称完美，加之可快速发射两发霰弹，其命中率和杀伤性足够威慑对手，完全可满足特警和特种部队的需求。该枪售价为 1395 美元，性价比高。

5. 造型科幻的土耳其UTS-15 霰弹枪

UTS-15 霰弹枪在 2011 年阿拉伯联合酋长国的国际防务展上首次向公众展示，是由土耳其UTAS公司研制生产的无托结构泵动式霰弹枪，UTS-15 意为 15 发式城市战术霰弹枪。研发工作由著名的美国轻兵器设计师特德·哈特菲尔德领导，历经 5 年完成。

（1）造型。其枪身有超过 85%的部分采用了碳纤维增强聚合物，总体较轻，空枪重 3.13 千克，外形充满科技感。该枪使用位于枪管上方、护木内部包裹并排的双管式弹仓供弹，每个管式弹仓能够装填 7 发 2.75 英寸 12 号口径霰弹或 6 发 3 英寸 12 号口径马格南霰弹，更显得霸气十足。

（2）结构。霰弹需要通过位于手持握把上方左右两侧的弹仓装填口装填，亦可通过打开枪身后部装有铰链的机匣盖以露出双弹仓口装填，两个弹仓都可独自装填；而发射以后空弹壳则通过右侧的抛壳口弹出。该枪与众不同的是，管式弹仓内部的托弹板具有一根通过顶部战术导轨两旁的管式弹仓切槽突出的杠杆。杠杆具有两种功能，其一是可让使用者手动将托弹板向前推以压缩弹仓弹簧，直到它被一个L形切槽锁定，这样让使用者可快速和轻松地装填弹仓；其二是杠杆的位置能够清楚显示两根管式弹仓的剩余弹数。使用者可通过位于枪身顶部、枪管后膛上的弹仓供弹选择杆状开关设置供弹模式，分别为纯左弹仓供弹、纯右弹仓供弹或是左右弹仓交替供弹。UTS-15 霰弹枪跟其他泵动式霰弹枪一样，前护木通过两根操作连杆连接到枪机。由于采用了无托结构设计，662.94 毫米长度的枪身仍然有一根 469.9 毫米长度的枪管，这样的设计有效缩短了枪的长度，并增加了士兵在作战时的灵活性。

（3）表面处理。该枪是第一枝完全由聚合物成型制造机匣的枪械。而且它的所有聚合物部件表面上具有亚光黑色无眩光纹理，钢制部件经亚光黑色镀铬或黑色氧化物处理，铝件则经亚光黑色无眩光阳极氧化处理。

（4）衍生型。该枪有 3 种衍生型：①沙漠型，具有美国和北约部队所使用的数码迷彩图案，即由沙漠砂色基础涂层和两种无眩光颜色表面所组成的数码迷彩图案。②海军陆战队型，具有采用一种专门配制的海洋蓝色基础涂层及黑色、灰色无眩光颜色表面所组成的数码迷彩图案。最有特色的是，弹簧具有耐腐蚀涂层，所有裸露的金属部件都使用镀镍处理以抗海水腐蚀。其他所有的金属部件，如枪管采用黑色镀铬或是类似方法处理，

◎造型科幻的土耳其UTS-15 霰弹枪（15 发式城市战术霰弹枪）

以进一步提高抗海水腐蚀效果。③猎用型，涂有狩猎风格的迷彩图案。随着时间的推移，UTS-15 较高的故障率影响了其声誉。

四、结构奇异匠心独运

1. 以色列研制的“拐弯枪”

（1）独出心裁。这是一种绕过拐角观察和射击目标的高技术武器系统。其设计灵感来自以色列反恐部队的一位军官。他说许多部下死于巷战，如果能有一种绕过墙角射击的武器就好了。以色列拐角射击公司设计师以色列人阿莫斯·戈兰认为，既然子弹不会拐弯，那就让枪拐弯吧。经过 4 年努力，2003 年，他设计研制了世界上第一种会拐弯的枪。

（2）结构。该枪由两个部分组成，前半部分是手枪和彩色摄像头，后半部分包括枪托、扳机和监视器。两个部分通过一个设计巧妙的折页装置连接，因此前半部分既能向左转，也可向右转。枪手用一面墙挡住自己身体，把枪伸出去，就能通过监视器清楚地看到拐角另一侧的情况。枪托部分的扳机可连动手枪的扳机，保证正常射击。监视器有十字瞄准指示，便于枪手精确瞄准。此外，它还有军用光源、红外线激光指示器、消音器、灭焰器等多种配置。

（3）优缺点。整支枪采用防尘防水设计，坚固耐用。枪的前半部能够与世界上的大多数自动手枪装配使用。除能够在墙角处射击之外，这种枪还适合在门、窗、机舱门等最容易发生枪战的地方使用。该拐弯枪号称采用世界最先进的新式“拐弯枪”系统，可用于全球反恐。这种“拐弯枪”适于在城市巷战等特殊的战术环境，如开放或封闭的建筑物空间中使用，被以军特种部队装备。其缺点，一是火力不足。该装备只能使用手枪进行射击，即使装备了特制的短管步枪，也只能单发射击。二是由于枪械部分全部在“转过去”的枪头部分，所有枪械后坐力的方向也基本来自侧方，绝大多数射击者都无法适应，导致精度堪忧。

（4）改进升级。鉴于“拐弯枪”的缺点，以色列拐角射击公司又研发了一种 40 毫米榴弹发射器，发射管通过铰链结构与枪身相连，可折叠，能够

◎发射40毫米榴弹的以色列“拐弯枪”

在 0°～90°范围内开火，枪身左侧安装了摄像机显示屏，在战场上，士兵只需要隐蔽在拐角或角落里，通过该枪的监视器和彩色摄像头，可隐蔽地观察侧方敌情，顺利察看到敌方人员部署位置情况，此刻只需要瞄准敌方，该智能化的武器就会自动旋转枪口精确射击目标，非常适合城市作战环境。该武器 于2005 年服役以色列军队，是一款巷战利器。目前拐角射击公司已经生产了少量这种新式步枪，并开始接受以色列军方的实战检验。英国最精锐的特种部队“特别空勤团”则成为这种枪的第一个海外用户。由于设计新颖，“拐弯枪”的价格不低，最便宜的配置每支也要 7000 美元，全套配置则要 1.2 万美元。即便如此，也不是有钱就可买到。为了避免这种枪落入“不法分子”手中，公司表示将只向政府部门或执法机构出售。全枪长 900 毫米，枪托折叠时 730 毫米，重 4.4 千克，弹头初速 74.7 米/秒（M406 榴弹），精确射击单个目标的有效射程 150 米，发射破片榴弹射击面目标的有效射程 350 米。该枪可使士兵不用暴露在敌方火力之下，并显著增强其收集信息和传送作战信息的能力，在敌人的瞄准线外定位并攻击目标。而且“拐弯枪”可向四周转动枪口，快速转到射击位置，手不需要离开武器，从而缩短反应时间，提高突然交战时的射击精度。

◎发射手枪弹的以色列“拐弯枪”

2. 俄罗斯“黄蜂”系列无管手枪

1998 年，俄罗斯实用化学科学应用研究所推出了“黄蜂”PB- 4 式无管手枪。随后一系列“黄蜂”无管手枪走向市场。

（1）用弹特殊。该枪 4 发预装填、发射 18 毫米 × 45 毫米枪弹。弹种包括杀伤弹、闪光爆震弹、信号弹和照明弹。枪弹的结构较为特殊：其弹壳并没有像普通弹壳那样兼任药筒并装配底火，而是在弹壳内装有单独的药筒，药筒尾部装有底火。弹头尾部被封在药筒里，这种结构能够增大弹头的启动压力，进而提高启动速度。虽然弹壳为弹头提供的加速长度非常有限，对提高初速有一些不利影响，但在增加启动压力的帮助下，作为个人防身武器的性能也还够用。为了在低初速条件下保证杀伤弹必需的停止作用和运动冲量，该枪采用 18 毫米口径。

（2）结构。该枪尺寸为 105 毫米 × 115 毫米 × 39.6 毫米，结构紧凑小巧，外壳采用优质高强度轻质铝合金材料制成，装满弹药后的全重比没装弹的PSM5.45 毫米小手枪还轻，堪称袖珍精品。该枪采用独特的电击发，扣压扳机后，握把内置的迷你型磁脉冲发电机发出的电流作用于弹药上的

◎俄罗斯“黄蜂”无管手枪及子弹

◎俄罗斯“黄蜂”无管手枪

电击发底火，使之起爆，作用相当可靠，即使是在极端环境下也不影响使用。2002 年，采用“智能”发射机构的PB-4M诞生。随后，PB-4V式无管手枪被俄罗斯军队列为制式非致命武器，装备代号 6P35。该枪及其配用的弹药能够通过军方苛刻的考核试验并成为正式装备，也是对“黄蜂”系列无管手枪可靠性的一个证明。

（3）改进升级。2005 年，俄罗斯联邦内务部列装了PB-4SP。该枪发射尺寸更大的 18.5 毫米 × 60 毫米弹药，弹头重提高到 14.2 克，杀伤弹有效作用距离也从原来的 25 米提高到 50 米。这种警用型“黄蜂”无管手枪全枪长 134 毫米，空枪重 370 克，是世界上同一杀伤级别武器中最为轻巧的。

（4）安全性好。“黄蜂”系列无管手枪是一种安全的非致命性武器，只要不是打在眼睛上就不会造成永久性伤害，可放心地使用而不必担心因防卫过当带来的法律问题。2016 年 12 月，俄罗斯向美国亚利桑那州政府出售了 60 多支“黄蜂”非致命无管手枪和 1 万发子弹。

3. 德国无壳弹步枪G11

（1）生不逢时。德国于 20 世纪 70 年代初开始研制无壳弹步枪HK G11。最初，G11 由HK公司负责设计武器部分，而诺贝尔火药公司则负责设计无壳弹部分。后来德国的光学仪器制造公司负责开发、制造G11 系统的光学瞄准镜。经过二十多年的努力，基本完成研制。1990 年 4 月 4 日，德军宣布，G11 已经达到部队使用要求，随后发给HK公司一份价值 6000 万马克的订单，用于购买G11 以取代当时装备的G3 步枪。但就在这一年，苏联解体，华约解散，外部军事威胁减小，换装新枪已不再是迫切需要，而东部地区急需建设资金。于是，德国决定取消G11 的生产、采购与装备计划。尽管如此，HK公司仍对G11 步枪继续改进以提高其使用性能，如两个备用的弹匣可同时放置在枪上，位置就插在正在供弹的弹匣两侧；带光学瞄具的提把可卸下并安装其他瞄具；根据需要，在枪管护套上还可装刺刀座和两脚架。最后确定型号为G11K2，并尝试向其他国家出口。该枪只有德军的特种部队及美军特种部队极少量地试装备。

（2）独一无二。G11 步枪由 100 多个零件组成，全枪长 752.5 毫米，枪管长 537.5 毫米，空枪重 3.65 千克，配用 4.73 毫米×33 毫米 DM11 无壳弹，若将 100 发无壳弹包括在内重约 4.3 千克，初速 930 米/秒，有效射程 300 米，发射直径 4.7 毫米的弹丸，装备 2 倍光学瞄准镜。步枪外部涂以暗绿色，以减少光反射和红外反射。与各国装备的步枪相比，G11 在结构上和性能上实现了革命性飞跃。其独一无二的是运用无壳枪弹，这种弹用发射药代替传统的弹壳，因而杆式弹匣容量增加到 50 发。发射药使用带黏结剂的高能和高点火温度的新型药，同时在结构上采取了措施，在射弹数量少时消除了“烤燃”现象。

（3）射速奇高。该枪的机匣简便结实，耐蚀抗磨，“三防”能力强，该枪选用没有往复式枪机体和闭锁设备的旋转枪机，因为省去抛壳这一过程，射速大大提高。它采用了浮动枪机技术，实现变射频射击，G11 理论射速达 2000 发/分，3 发点射只需 60 毫秒，后坐力小，精度非常高，其间点射分布超出现有的各种小口径步枪的水平；连发时，活动部件在浮动式后坐过程中不再击发，使G11 的射速降低到 460 发/分。

◎德国无壳弹步枪G11及其子弹

（4）优缺点。该枪最大的优点是枪弹去掉了弹壳，节省了金属材料；弹重减轻，体积减小，可加大单兵携弹量。此外，G11 步枪尺寸小、重量轻、系统密封、操作安全、使用简便、训练简单，符合人们对现代步枪的基本要求。

德国虽然因经济原因没有大量装备无壳弹步枪，但它仍是世界公认的先进战斗步枪，引起不少国家的兴趣。其缺点是由于包得太严实，散热非常慢，如果不及时散热会造成炸膛现象，专用的弹药和复杂的设计更是使得G11 的造价居高不下。结构复杂也就意味着在维修和保养方面比较麻烦。

4. 巴西“曲线”（Curve）手枪

巴西“曲线”手枪于 2014 年 11 月推出，由巴西陶鲁斯公司设计，是近年结构设计最为标新立异的袖珍手枪。它根据“可穿戴式手枪”概念设计。

（1）造型奇异。与普通手枪不同，该枪采用了极为人机工程化的弧形造型，其枪身和握把具有一定弧度（从前方看，枪身及握把向右弯曲），这是史无前例的全新设计，符合人体工程学原理，让枪械适应人体，贴合人体及手掌曲线，握持方式非常舒适，可较为舒适地隐蔽携带。同时整体式枪身极为可靠。它的尺寸很小，枪身平滑，除在枪身右侧设计了可拆卸腰带夹以外没有任何突出物。可将手枪夹在腰带上或外套口袋中，无须专门配备枪套。这个优点表现在夏天身着衣物较少时，该枪不像传统手枪因直板外形和突出的各种操作杆而在衣服上显露出来，几乎没有人能看出来你携带着一把手枪。

（2）结构。虽然该枪的套筒座、握把为弧形，但是为了保证供弹可靠性，弹匣依然是直弹匣。除此之外，全枪没有突出的棱角，全部采用圆弧设计。该枪套筒后部表面的防滑纹路设计可使操作者更加方便地前后拉动套筒。套筒上没有设置传统的准星和照门，而是以LED战术灯、激光指示器及套筒后部的白色十字线替代传统的机械瞄具。它的弧形枪身中内置了一个激光指示器和两个LED战术灯，位于扳机护圈的前部，拆卸方便，更换成本低，由内置电池供电，这是创新的设计。该枪采用了纯双动扳机，携带安全性很高。另外，纯双动扳机模式使击针待击和击发两个动作

◎巴西“曲线”（Curve）手枪

一气呵成，能够保证在第一时间拔枪开火，实现快速射击。因为它采用了枪管短后坐自动原理，其复进簧比自由枪机式手枪轻得多，所以，即便采用纯双动设计，也能保证扳机力较轻。该枪采用聚合物材料制成，全重仅为 0.29 千克，携带时没有沉赘的感觉。该枪采用 0.38 英寸口径枪弹，保证了这把小手枪有足够的威力。全枪长 132 毫米，枪管长 76 毫米，是一款袖珍手枪，用于近距离防卫射击。该枪采用了普通手枪很少见的无弹匣保险，即卸下弹匣时无法扣动扳机，确保更换弹匣时的安全。套筒顶部、抛壳窗后方设有膛内有弹指示器，在膛内有弹时，指示器会突出于套筒顶部，很容易看见或摸到。公司还设计了扳机护圈套，可将扳机护圈上的战术灯、指示器等部件完全遮住，在携行时起到保护作用。每支“曲线”手枪标配 2 个 6 发弹匣。与一般手枪不同的是，其弹匣卡榫安装在弹匣上，位于弹匣底部两侧。用手同时捏住两侧的弹匣卡榫即可退出弹匣，操作也比较舒畅、便捷。

（3）物美价廉。从测试结果看，该枪后坐力比同口径手枪更轻，在连续快速射击中，枪管上跳现象并不明显。将该枪别于腰间，或藏匿于衣服与裤子口袋中，弧形面曲度十分贴合人体，比智能手机的携带更加舒适。该枪右手握持时非常舒适，但并不适用于左手握持者。陶鲁斯公司表示，将推出左撇子版本。该枪有两种颜色，一种是黑色，另一种为粉色。采用粉色涂装是为了照顾女性用户的喜好。另外，它时尚的外形也很受女性客户青睐。此外，该型手枪的定价为 379 美元左右，比价格大致为 460～750 美元的“格洛克”要便宜不少，很有市场竞争力。

五、射程奇远千米索命

1. 又远又准的M107 狙击步枪

（1）战场上身手不凡。2001 年，美国入侵阿富汗，美军购买了 50 支还在研发阶段的XM107 狙击步枪用于前线，发现其比现装备的狙击步枪打得更远更准。随后，美军又陆续买了数百支用于阿富汗战场。2003 年伊拉克战争爆发，美军又购买了数百支运往伊拉克。该枪适合伊拉克空旷的

◎M107 狙击步枪

郊外地形，同时在城市战中也具备可怕的毁伤效应，其大威力子弹与长枪管相结合，产生出笔直而准确的弹道，使弹头初速和枪口动能都得到有效提升，气温和风向等影响射击效果的自然因素对它而言几乎可忽略不计，能够在1500～2000米射程内精确打击有生力量，可有效打击停靠在机场的飞机、指挥控制、通信、计算机、情报设施和轻型装甲车等技术装备目标。该枪后坐力特别低，适用于直升机和船舰防卫、战术侦查车辆、都市近战等方面的狙击，可使狙击手在相对安全的更远距离射击敌目标。该枪曾经狙杀过很多反美武装分子，被不少军官认为是一种“战斗增效器”，能够大幅度提高己方的士气，因此在伊拉克战场上备受美军官兵欢迎，曾被美国陆军物资司令部评为“2004年美国陆军十大最伟大科技发明”之一。2005年3月，美国陆军正式批准XM107作为远程狙击步枪，并将600支正在使用的XM107正式改称M107。

（2）应运而生。其实，早在1991年海湾战争期间，美国使用了300多支12.7毫米口径的巴雷特M82A1，取得了理想战果，于是大口径远程狙击步

◎射击中的M107狙击步枪

枪引起了各国军队的重视，同时也引发了一场大口径狙击步枪研发热潮。20 世纪 90 年代中期，美国陆军正式提出了XM107 计划，将其作为一种远程的反器材武器系统，以弥补M24 的不足。M107 是在美海军陆战队使用的M82A3 式狙击步枪的基础上改进而来的，原设计指标能对付 1500 米外的人员目标，而对于车辆目标则延伸至 2000 米。但数据表明，它实际上有能力对 2000 米外的人员和器材目标进行精确打击。

（3）性能特点。全枪长 1447.8 毫米，口径 12.7 毫米，重 12.9 千克，枪管长 736.7 毫米，弹匣容量 10 发。M107 通过了严格的试验和评估，其枪身结构坚固耐用，稳定性高，机械结构简单可靠，适于操作使用，且能够发射多种 12.7 毫米弹药。2009 年 5 月开始，美国陆军开始为 M107 选配新的夜视器材和望远瞄具。M107 还加装了可显著减小枪口喷焰、噪声和枪口冲击波特征的消焰器，使敌人难以判断子弹射击的位置，降低狙击手暴露的概率。

2. 再创纪录的M200 战术干预狙击步枪

（1）一战成名。2017 年 5 月 22 日，海外网电，英国空军特勤队一名狙击手大概于 2 周前在伊拉克摩苏尔的反狙击行动中，盯住了曾枪杀、枪伤数名英军士兵的伊拉克“伊斯兰国”枪手，持续监视长达 4 小时，其间，已多次瞄准对手，但没有足够时间开枪。因为在这么远程的射击中，子弹需要飞行 3 秒才能击中目标，而该目标一直利用其身在地面的优势躲避射击。不过在傍晚，目标有所松懈，转移至自认为安全的地方。此时，英军狙击手抓住机会，利用手上最远射程近 3.2 千米的M200 战术干预狙击步枪，在 2.4 千米外一枪索命，打破了这款步枪最远射程纪录，被赞“神枪手”。这支枪本属美国特种部队所有，但借给了英军特种部队在战场上试用，结果一战成名。

（2）结构与性能。研制该枪的初衷是在系统重量尽可能轻的情况下，对人进行有效的远距离杀伤。为此，设计师泰勒研制出0.408 英寸口径远程射击弹药。这种新弹药弹头重 27.15 克，比0.5 英寸口径子弹轻 1/3，但动能并不小，其在 2080 米外还以超音速飞行，且后坐力也更小。其设计思路

◎M200 战术干预狙击步枪

是基于M96 狙击步枪。它使用了手动枪机操作并装上了可自由伸缩设计的枪托，优点是长度可调且在运输时可减小长度。枪托还配有折叠后脚架和托腮架。枪管为浮动式设计。枪管和枪机亦可迅速更换或分解以便运输，而弹匣前方的大型提把用以方便携带此枪，并可在不使用时向下折叠。护木前方附设的两脚架和枪托配有的折叠后脚架。用于提高在地面上的稳定性，不使用时亦可折叠。枪口的PGRS-1 制动器还可装上消声器，握把上有手指凹槽，射击时比较稳定和准确。M200 采用的是单排可拆弹夹，容量 7 发。由于此枪并没有机械瞄具（照门及准星），必须利用机匣顶部的战术导轨安装瞄准镜和/或夜视镜，而其他战术配件可于前端的战术导轨上安装。该枪系统还包括装有弹道计算软件的商用掌上电脑、5～22 倍瞄准

知识链接

转盘机枪的遭遇

1923 年，苏联著名枪械设计师杰格佳廖夫根据战场需要，设计研制出了一种轻便机枪，可像步枪一样用卧姿、跪姿、立姿和行进间端枪射击，并能突然开火，以猛烈的点射或连续射击横扫敌人。这种枪结构简单，全枪只有 65 个零件，制造工艺要求不高，成本低廉，适合大量生产。该枪的各部件在使用时动作可靠，持续火力强，维护方便，战术技术性能优良。它的造型有点奇特，其 47 发的供弹盘在枪身上方，最大好处是有效降低了枪的高度，同时还非常便于携带和更换，而同时代其他的轻机枪大都使用弹匣或者弹链供弹。更可贵的是，该枪可靠性好得出

镜、与掌上电脑相连的风力/温度/气压传感器。

（3）屡创纪录。2004 年 7 月 13 日，美国海豹特种部队前狙击手理查德·马科维斯使用M200 步枪射击 2122 米之外的一个标准钢制靶，前 3 发分布在 42.2 厘米内，创造了新的世界纪录。该枪还提供附设的打印数据表，以备在战术弹道计算机出现故障或供应电源与设备的电池耗尽等情况时使用。全枪长 1187.45 毫米，枪管长 736.6 毫米，全枪重 14.06 千克，口径 10.36 毫米，有效射程 2000 米。

2018 年的 1 月 14 日，得克萨斯州的一位前美军精确射手（编在班组内执行狙击任务而不是单独行动的狙击手）用 M200 狙击步枪创下了 4837 米的纪录，子弹大约飞行 14 秒击中标靶！按照一个标准足球场 105 米的长度计算，这一枪的射程整整接近于 46 个球场串联起来的总长。

3. 超长距的SOP狙击步枪

SOP狙击步枪是 2015 年美国一家小枪械厂研制的，它的子弹是手工改造的，用 20 毫米口径“火神”炮弹的弹壳整体“瘦身”且靠近弹头的部分收缩幅度更大，加入发射药和弹头后变身成 14.9 毫米的巨型子弹，弹头重 109.5 克，初速达到了惊人的 1005 米/秒，枪口动能 55298 焦耳，几乎超过俄制 14.5 毫米重机枪子弹的 2 倍，高于 20 毫米口径“火神”炮弹的动能，其射程远达 4937 米，如果没有障碍物阻挡的话，该狙击步枪射出的子弹在空中飞了 5000 米后还可超音速飞行，保持相当大的杀伤力。它的精准度极高，在 2740 米距离处散布范围只有 0.5MOA（英制单位，MOA指100 码距离上子弹都散布在半径约 0.5 英寸的圆内，换算成公制，即 100 米距离子弹

奇，在风沙、泥水、严寒等恶劣条件下，仍能正常工作。欧美的枪械发明家称这位天才的设计师为“俄国的马克沁”。不过当时苏军总军械部并不看好此枪，认为，对于步兵而言，起主导作用的武器永远是重机枪。而以苏军著名将领古比雪夫将军为首的红军轻武器委员会颇具慧眼，评价该枪设计独特，机构动作可靠，战斗射速高，便于操作，特别便捷。受此鼓舞，后来杰格佳廖夫通过关系，请苏联革命军事委员会副主席伏龙芝元帅到兵工厂视察。伏龙芝元帅了解了情况后对该枪高度肯定。由此可见，一种好的武器得以问世，不单需要刻苦钻研，有时也需要公关能力。此枪共生产了 80 万挺，在“二战”中立下了汗马功劳。抗美援朝战争中，志愿军曾装备 8000 多挺，战士们形象地称之为“转盘机枪”。

◎超长距的SOP狙击步枪

都散布在半径约 1.45 厘米的圆内）。测试中它将 4800 米外的一头大象的头部打穿。其缺点：一是枪长 2.4 米，携行困难，大大影响狙击手的机动性；二是容易暴露；三是难以找到合适的狙击位置；四是价格昂贵，据说达 25000 美元；五是后坐力大。因此，这把枪尚未被军队采购，主要用于狩猎。

4. 被称为“怪兽”的Anzio狙击步枪

美国Anzio“怪兽”是由美国一家名为Anzio的枪械技术公司研发的新型反器材步枪，在美国2007 年年度射击、狩猎枪械展上推出。它可使用 14.5 毫米、20 毫米口径的 49 英寸竞赛级槽化枪管，钛金属撞针，发射特种穿甲弹和其他大口径狙击弹药，用于反轻型装甲车和地面设备，该枪体形大得有点“变态”，一问世就引起了轰动。整枪长度达到了 2.032 米，重达 45 千克，巴雷特M82 在其面前都只能算个小家伙。一个人难以轻松地拿起来，必须得两人配合才能携带。其口径已经接近火炮，最大射程达 4572 米，比早期的“陶”式反坦克导弹射程还远！该枪的售价为 11900 美元；Anzio枪械技术公司还研制了该型号枪械的轻便型号，其售价仍然高达 6800 美元，折合人民币约 4 万元，一颗子弹也要 300 元人民币，价格昂贵。

©Anzio狙击步枪

5. 可折叠的OSV-96

（1）换代新品。俄罗斯图拉武器设计局在轻武器专家什普诺夫领导下研制了 12.7 毫米口径V-94 自动狙击步枪，并于 1996 年开始装备特种部队。后经反复改进，该枪被重新命名为OSV-96，绰号胡桃夹子，它将取代服役多年的SVD狙击步枪。

（2）性能超群。相比同类型武器，它枪身轻，不带瞄具枪重 12.9 千克，全枪长 1.746 米，机匣和枪身通过后膛和机匣的接头相连，而机匣可折叠到枪管的右边，折叠后枪长 1.154 米，将两脚架折叠后，提把将位于重心处，便于携带。枪口装有制退/消焰器，可降低后坐力，减少枪口焰，使其对射手的影响降低到可接受的程度。该枪在机匣上装光学瞄准镜和特种夜视器材，能够全天候使用。设计人员还计划研制一种带激光测距仪的双筒望远瞄准镜。与V-94 相比，该枪增加了可折叠式紧急后备机械瞄具，分别是枪口后方的准星和机匣上方设置的照门，当狙击镜损坏时仍然可作为紧急瞄准的备用瞄准具，表尺射程 1200 米。OSV-96 具有自动装填子弹

◎可折叠的 OSV-96 狙击步枪

◎折叠后的 OSV-96 狙击步枪

◎OSV-96 狙击步枪

能力，采取单发射击方式，弹匣容弹量 5 发。它可在一个射击姿势下向一个目标发射 5 发枪弹，提高了对隐蔽和移动目标的命中率。它发射 12.7 毫米口径专用狙击步枪弹，可在 1000 米距离上穿透 40 厘米厚的砖墙壁并保持足够的后效，可有效击穿混凝土板。可用它攻击相距超过 1800 米的敌方人员，以及超过 2500 米远的军事目标，如使用穿甲燃烧弹能有效对付轻型装甲目标，相比使用反坦克导弹和炮弹杀伤成本很低。

（3）瑕不掩瑜。OSV-96 狙击步枪刚装备俄罗斯特种部队和特种警察不久，就受到广泛好评。OSV-96 的主要缺点是噪音过大，在射击时要配戴耳塞。

六、威力奇大破门穿甲

1.“变脸”高手NTW-20

由于实战中经常需要执行远程狙击任务，传统的 7.62 毫米口径狙击步枪对此“鞭长莫及”，大口径的狙击枪应运而生。

◎测试中的NTW-20反器材步枪

（1）一枪两用。南非托尼·尼奥菲图设计的NTW-20反器材步枪主要是攻坚用的，其最大特色是可通过更换枪管、枪机、弹匣和瞄准装置，发射 20 毫米和 14.5 毫米 2 种口径的3种子弹。2 种口径的转换可在 30 秒内完成。

NTW-20技术参数

项 目	数 据		
弹种（单位：毫米）	20×82	20×110	14.5×114
弹匣供弹数（单位：发）	3	1	3
空枪重（单位：千克）	30.5	31.5	33.8
全枪长（单位：毫米）	1795	1795	2015
枪管长（单位：毫米）	1000	1000	1220
初速度（单位：米/秒）	720	820	1000
有效射程（单位：米）	>1500	>1800	>2300

©NTW-20反器材步枪

（2）结构性能。该枪采用了枪口制退器、组合式液压/气动减震器及缓冲器，较好地控制武器后坐。标准型两脚架置于机匣的下方，可左、右方向各转动 15° 。需要时枪托尾部的握把可下降，起支架作用。步枪由两人携带并操作，两个手提箱中分别携带不同的套件，每套组件重约15 千克，一套携带枪架、枪托、枪身和双脚架，另一套携带枪管、瞄准器和弹匣。

（3）物有所值。此枪的售价不菲，但物有所值。20 毫米口径型为 14402 美元，14.5 毫米口径型为 11296 美元。经过军队试验后，1998 年，南非国防军正式采用NTW-20 反器材步枪，以色列、印度、沙特阿拉伯等国有采购。2013 年 8 月，南非特种部队使用该枪创造了 2125 米的杀伤纪录。

2. 威力大后坐力小的RT-20

（1）力能穿甲。克罗地亚研制的RT-20 型大口径狙击步枪采用了工艺先进的枪管、优异的瞄准镜和完善的制退系统，主要用于反器材和反装甲，1990 年问世并装备了克罗地亚军队，是世界上威力最大的反器材步枪之一，在南联盟解体后的战争中发挥了重要作用。它采用高爆炸药和反装甲两种子弹，两者都适用于防空。反装甲子弹也能有效地对付步兵战车和装甲运兵车。

（2）结构性能。该枪全长 1330 毫米，枪管长 920 毫米，子弹为 20 毫米 × 110 毫米、重 130 克，射击初速大约每秒 850 米，连同瞄准镜和双脚架重 19.2 千克，单发手动装弹、击发，最大有效射程大约 1800 米，使用加强弹为 2400 米。该枪命中精度较高，能在 2000 米距离上准确命中诸如单个士兵一类的小目标。其最大特点是设计了一种长反作用管，位于枪管上面。反作用管的后面部分为反作用喷嘴。当射击时，一些热火药气体从枪管到反作用筒形成一个反向爆炸，产生的作用力与枪支的后坐力方向相反，以抵消和减弱枪的后坐力，再用较大的枪口制退器进一步减少后坐力。因此，RT-20 在其枪管约一半处有一个向上开口的气门，弹头通过该点时，发射药的一部分气体由此沿着复进补偿管在枪栓的后上方泄出。

（3）缺点需当心。当RT-20 发射时，与其他无后坐力武器一样，枪的后方不能有任何障碍，如墙一类的建筑物。由于气体向后泄出，所以射手

◎克罗地亚RT-20 型狙击步枪

不能使用传统的射击姿势，而必须像发射无后坐力武器一样，以一定的角度卧在机匣的左侧，用右肩抵住武器以承载一定的后坐力。该枪的缺点是需要射手具有一些特殊的射击技巧，以避免因废气冲击可能带来的损伤，不能在狭小的空间如建筑物内使用，容易暴露射手位置遭到反击。该枪的售价为 25000 美元。

3. 手枪之王M500 转轮手枪

M500 转轮手枪号称世界上威力最大的手枪，是美国史密斯 · 韦森公司 2003 年研制生产的。在手枪界里很有名气，发射 12.7 毫米口径马格努姆大威力手枪弹，由于子弹太大，它只能装下 5 发（一般的转轮手枪弹膛能装 6 发弹）。其威力之大，用来对付人实在大材小用，现在主要被用来对付大型动物。由于后坐力太大了，为了减少部分后坐力，在枪口位置安装了先进的制退器。

全枪长457毫米，枪管长266毫米，全枪高165毫米，空枪重2.32千克，握把为聚合物材料

◎美国M500 转轮手枪

◎美国M500 转轮手枪（加瞄准镜）

◎转轮未复位的转轮手枪

4. 可戴防毒面具瞄准的M1014 霰弹枪

（1）破门“高手”。在伊拉克战场上，M1014 霰弹枪（原名为伯奈利M4 超级 90 霰弹枪）成为最受美国海军陆战队员喜爱的武器之一。这主要是因为他们遇到最多的障碍就是门，而且多数的门都是铁门或由很硬的钢架加固，而M1014 霰弹枪可发射用于炸开门锁的专用弹药，为他们提供了急需的“破门而入”的破障能力。

（2）皮实耐用。早在 20 世纪 90 年代，当时美国特种部队装备的莫斯伯格M590 霰弹枪和泵动霰弹枪已经出现了各种问题，对特种部队的行动造成了很大的影响。为此美国国防部提出了三军战术霰弹枪计划，对霰弹枪战术技术性能的要求是：性能可靠的半自动发射方式，折叠式枪托，与 3 英寸以内所有类型的弹药相兼容，坚固耐用。于是美国海军陆战队率先提出研发一款多功能霰弹枪，随后被修订为包括整个美国军队的采购项目。由意大利的伯奈利公司负责制造，后经过美国陆军军械研究、发展与工程中心的对比试验，伯奈利公司和HK美国公司联合提交的样枪脱颖而出，在 1999 年 4 月被美国海军陆战队命名为XM1014。双方签订合同预生

◎M1014 霰弹枪

产 20 支样枪以进行更严格的试验，当样枪通过全部试验后名称中的“X”被去掉，M1014 开始走上战场。该枪在伊拉克实战中经受住了城市作战的灰尘、泥浆和各种恶劣天气的考验。参战的海军陆战队队员认为，目前每个步兵营只配发 6 支太少，至少每个班装备 1 支。

（3）买家众多。2000 年，美国国防部决定采用M1014 换装各军种所装备的 6 种其他型号的霰弹枪。M1014 霰弹枪采用模块化设计，长 1010 毫米、重 3856 克，采用手枪握把、可伸缩式枪托（枪托可向右倾斜，这样可方便戴防毒面具进行贴腮瞄准），采用大型铅弹的射程为 40 米，一般弹药的射程为 125 米，弹匣装弹 7 发。还可加装光学和电子瞄准装置。其民用型的价格为 1500 美元。如今美国海军陆战队和海豹突击队已装备 5 万支以上。此外，英国特种空勤团、阿联酋特种部队、印度尼西亚海军特种部队和中国香港飞虎队等数十个国家和地区都在使用此枪。

5. 近战高手美国AA-12 全自动霰弹枪

（1）威力惊人。在伊拉克战场上，反美武装既不怕M16 自动步枪，也不惧M4 卡宾枪，真正害怕的是军用霰弹枪。因为在 50 米以内或者 50～100 米距离作战时，霰弹枪反应迅速、火力密度大、作战效能强。田纳西州宪兵系统公司（简称MPS公司）研制的AA-12 全自动霰弹枪威力极大，4 秒钟内即可将 20 发弹鼓内的弹药全部射出，而且其采用先进的减后坐技术，可感后坐力极低，甚至可将其搭载在微型无人直升机上形成一个无人作战平台。

（2）几经磨难。该枪最初在 20 世纪 70 年代，由麦斯威尔·艾奇逊发明，简称AA-12。但当时并没有订单。1987 年，艾奇逊宣布破产，被迫将该枪专利权及全部图纸卖给了MPS公司的创建人杰里·巴伯，巴伯和他的合伙人科尼尔根据图纸开始试制AA-12 的样枪，但原始图纸还存在很多问题，他们足足花了 18 年的时间来重新设计，最终对原设计做了 200 多项改动。到 2004 年秋，他们终于制造出 10 支可供发射的AA-12 样枪来。新枪仍然被称为AA-12，该枪采用连发发射，理论射速 300 发/分，后坐力极低，无需繁复的保养，无须润滑，在沙漠中使用也可实现自动清洁。该枪可发射 12 号口径霰弹，还可发射FRAG-12 高爆弹族，包括高爆弹、破片杀伤弹、破甲弹。

（3）制造精密。由于杰里·巴伯擅长高精密铸钢，该枪大多数主要零件均系精密铸造，材料采用航空专用不锈钢，其很多工艺程序与喷气式飞机发动机的工艺程序一致。用这样的技术造枪，只能说太“奢侈”。该枪耐热，发射时产生的热量不会影响整枪性能。全枪长 966 毫米，标准型枪管长 457 毫米，短管型 330 毫米，空枪重（标准型）4.76 千克，弹匣容量 8 发或 20 发，有效射程 100 米（发射高爆弹族射程 200 米）。AA-12 样枪被送到美国海军陆战队进行试验，结果令人满意。该枪半自动型民用版于 2018 年订购出了 1000 支，售价 3250 美元。

◎AA-12 全自动霰弹枪

◎测试中的AA-12 全自动霰弹枪

七、精度奇高百步穿杨

1. 屡创纪录的Tac-50

（1）精度惊人。2002 年 1 月底，加拿大帕特丽夏公主轻步兵团第三营的十几名狙击手被部署至阿富汗，其中 5 名与美国陆军第 187 旅一同战斗了 19 天，清剿了盘踞在阿富汗东部加德兹山区的“基地”组织和塔利班武装分子。2 位加拿大狙击手比尔和他的战友组成的狙击小组与美国军士杜尔哈姆合作，在 2430 米的距离外开火打死了一名“基地”组织枪手，创造了当时最远狙击的世界纪录。他们所使用的狙击步枪是美国Tac-50 12.7 毫米口径战术狙击步枪。更令人吃惊的是，2017 年，一名加拿大军人在伊拉克摩苏尔一座高楼上用Tac-50射杀了 3540 米外一名“伊斯兰国”分子。他需计算风速和地球引力等环境因素，而当时子弹则足足飞了 10 秒，才成功击中目标！屡创纪录的Tac-50 狙击步枪精度令人服气。

（2）精心设计。其实，Tac-50 从设计之初，即追求在远距离上精准命中人形目标的能力，为此，采用了一系列可提高射击精度的举措。如采用旋转后拉枪机，避免枪机在射击瞬间带来的抖动，以利于弹道的稳定。不惜成本使用了比赛级浮置枪管，枪管与枪身间不存在刚性连接，避免了枪身变形和对枪管的挤压。为了减重和散热，增加枪管的强度，在枪管表面刻有凹槽。配用优质的弹药。这些精心的设计，保证了该枪精度高达 0.5MOA。该枪采用 5 发容量的弹匣玻璃纤维强化的塑料枪托，枪托尾部装有特制橡胶缓冲垫。装有两脚架，配有手枪型握把。随着配用枪弹口径的不断加大，Tac-50 的枪管和制退器的长度、体积及相关部件的可调节幅度也在不断加大，这些设计细节，都是无数次总结战场实战经验教训、不断改进完善后的智慧结晶。

（3）好而不贵。该枪重 11.8 千克，长 1448 毫米，枪管长 736 毫米，口径 12.7 毫米，枪口初速约 850 米/秒，有效射程 2000 米。该枪在 2008 年的售价是 6999 美元（不包括附件）。

◎美国 Tac-50 狙击步枪

2. 枪中贵族L115A3

（1）超级武器。2009 年 11 月的一天，英国皇家骑兵队的一位资深狙击手克雷格·哈里森在阿富汗南部的一场遭遇战中，用一支L115A3 型狙击步枪，在 2475 米之外精准“秒杀”2 名塔利班武装分子，解救了他深陷重围的上司，创造了当时的最远射杀世界纪录。这可不是L115A3 初露锋芒。其实，早在阿富汗战争之初，一个装备L115A3 的狙击小组，在来到阿富汗赫尔曼德省的第一天，就摧毁了一个塔利班据点，他们在 60 秒内射杀了 3 个塔利班武装分子。从实战效果上看，L115A3 绝对是一种“省钱省力”的超级武器。

（2）性能优异。在危机四伏的阿富汗前线，英国陆军要想穿过迷宫般的建筑群和茂密的植被，追歼塔利班武装，往往只能求助于空军的帮助，但出动空军战机实在是既耗油，又费时，而且空袭还容易造成平民伤亡。于是，英军购买大批L115A3 运往阿富汗，指望它能“一枪制敌”。当然，该枪也不负众望，屡建奇功。L115A3 号称当前世界上最好的狙击枪之一，由英国精密国际公司生产，重 6.8 千克，长 1300 毫米，发射 8.59 毫米枪弹时有效射程达 1609 米，瞄准器能放大 25 倍。由于弹体重，不易因射程远发生偏转。子弹在 1000 米处仍有 1770 焦耳动能，在超过 1300 米时还有可怕的杀伤力。该枪配有一个可调节双脚架，还有一个独

◎英国L115A3狙击步枪

◎投入实战的英国L115A3 狙击步枪

脚架，便于狙击手在定位目标时将枪支撑在设定位置。此外，该枪还可安装消音器，从而降低了被发现的风险。

（3）价格昂贵。该枪每支售价高达 2.3 万英镑，显然是枪中贵族。

3.“欧洲狙王”德国R93 LRS2 高精度步枪

有“欧洲狙王”之称的R93 狙击步枪，由德国布拉塞尔公司的枪械设计师格哈特·布莱克设计研制，因为设计年份是 1993 年，所以枪被命名 R93 步枪。

（1）“独一无二”。R93 LRS2 高精度步枪是R93 系列中的战术型步枪，LRS2 意即“远距离运动员 2 型”，不但外观设计前卫新颖，而且在结构设计上应用了大量新技术和新概念，至少有 9 个部分的设计获得了专利，是一支设计新颖、射击精度超群、价格合理、集多种优点于一身的狙击步枪。该枪一推出就大受欢迎，被誉为“独一无二”的步枪。

（2）“智能”超群。该枪大量采用铝合金部件，在保证主体刚度的同时，大大降低了枪重；采用直拉式枪机和套爪闭锁系统，枪身短，结构紧凑，便于操控；可通过战术导轨在枪管上安装不同类别的瞄准具，能在 30 秒内完成拆解组合，易于携行。更为关键的是，为了保证在 500 米或更远距离上打得准，该公司首创了“奥鲁斯”视线瞄准系统。该系统是第一种适合远距离精确射击的单筒望远镜式瞄准系统，由望远镜、掌上电脑、“茶隼”气象站和计算机软件组成。“奥鲁斯”的视觉测距装置用来测量目标的距离，使用“茶隼”气象站或其他常规的方法对横风进行测量，然后将距离和横风信息输入掌上电脑，掌上电脑就会准确地显示出十字线中心对准的目标为首发命中的目标。一旦这支步枪被正确校正，弹药的射击诸元随同天气数据等信息就会被输入掌上电脑。如果出现第二个目标后风有所变化，不需要旋转调节螺纽去修正射角和方向，分划十字线上的目标点会自动调节。如果第一发弹没有击中目标，只需将十字线重新对准目标即可再次射击。射手可在射程内任何距离直接向目标开火，不必花时间去重置射角和调整风力偏差。“奥鲁斯”放弃了在远距离射击时传统的分划盘，转而利用先进的计算机技术保证步枪在远距离射击时的首发命

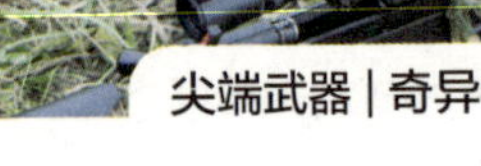

◎德国 R93 LRS2 战术狙击步枪

中率，比以前使用的任何远距离瞄准系统更便捷和准确，这在当时是革命性的进步。

（3）精心设计。该枪的核心部件是轻质铝制机匣，其刚性很好，这是射击精度的重要保证。该枪还去掉了很多枪都采用的供弹斜面，这样的设计对提高操作的平滑性和射击精度具有重要作用。该枪的枪托长度可通过推拉装置来调整，枪托上还有一个垂直可调的托腮板，托腮板不但上下可调，并可左右旋转 15°。该枪还设计了一个通过螺纹进行精确调节的枪托“脚”。该枪扳机扣力和扣机行程均可根据个人喜好进行调节。该枪的枪管采用铬钼镍合金钢制造，并经低温处理及表面开槽，这样可减小振动且冷却效果更佳。枪管所有钢制部分的表面都涂有硬质、粉状的防锈蚀材料。枪口安装有制退器，可大大减小射击时的后坐力。

（4）一专多“能”。该枪在使用过程中，可根据不同作战任务，在几分钟之内更换 17 种不同口径的枪管中的一种，用户以一支枪可获得多支枪的使用价值。该枪长 1040 毫米，重 5.4 千克。该枪配合其原厂特制的比赛级弹药，其精准程度可达到极准确地命中远处小型目标的程度，约为 0.25 MOA（在500米距离上误差约3.6厘米）。目前，R93 主要装备德国、荷兰、澳大利亚等国的军队和警察，也是乌克兰和保加利亚特种部队用枪。售价约 3500 美元。

4. 完全用人工车削的绝世好枪西格P210

（1）最抗“折腾”的手枪。在 20 世纪 90 年代美军换装手枪时，全世界著名厂商都带着最好的手枪前去参加竞标，因为这意味着 35 万支的大订单。美军对参赛手枪进行了破坏性试验：备选枪支要接受剧烈撞击、高位摔砸、盐水浸泡、沙砾研磨……通过所有测试的只有德国西格绍尔P226（目前装备美国海豹突击队、特种部队、联邦调查局，英国SAS等）和意大利伯莱塔 92F，最后伯莱塔 92F利用价格优势获胜，成为美军制式手枪。其实，瑞士西格P210 这支老枪也参加了那次苛刻的手枪试验。所有人

◎瑞士西格 P210-6 手枪

都希望新枪击败老枪，以证明采用新枪是正确的。但出人意料的是，在比赛中无论怎么折腾，西格P210 就是无故障，它击败了每一个对手，包括伯莱塔 92F和西格绍尔P226，其准确性、可靠性居所有手枪之冠。

（2）“兄弟”众多的“老枪”。西格P210 是“二战”期间由瑞士西格公司开发。该枪有多种型号：1 型为军用型号，于 1949 年被瑞士军方采用，命名为M49 手枪，另外也装备了丹麦军队；2 型和 3 型为警用型； 4 型是为当时的联邦德国边防警察研制的；5 型是比赛型，枪管较长，装有比赛用轻型短程扳机，扳机拉力可调整；6 型是后来定型生产的民用型，和 2 型接近，但用 5 型的扳机，6 型枪在 1982 年停产，现在又复产；7 型为0.22 英寸口径比赛枪；8 型为德国生产的。西格P210 独特之处在于其主要钢制部件由手工车削，采用高质量的 120 毫米枪管，加上严格的品质管控，其可靠性、准确度、耐用性都高于一般手枪。该枪在 50 米的距离上射击，所有子弹都打进一个近似小十字架形状的弹孔里（5 厘米以内）！就算步枪也不容易打得如此准确。

（3）除了价格，什么都好。这款枪之所以不被列装，是因为它完全采用手工车削，做工极其精良，不利于大规模生产，而且造价居高不下，在美国一把西格P210 的售价是其他名牌手枪的 4～5 倍，普通型号的P210-6 在美国市场的标价是 2100～2400 美元，而加长枪管的P210-5 则要 4000 美元以上，号称“手枪中的劳斯莱斯”，如用它大量装备美军，那也太奢侈了！全枪长 215 毫米，空枪重 0.9 千克，初速 335 米/秒，弹匣容量 8 发。

知识链接

加兰德的直觉

1925 年，美国军械部门根据作战对高射速步枪的需求，要求设计师加兰德研制 7 毫米半自动步枪。但当时美国枪弹库中的枪弹都是 7.62 毫米口径的，于是，加兰德多了个心眼，在研制 7 毫米口径半自动步枪的同时，也研制了 7.62 毫米口径的。当军械部门将 7 毫米口径的半自动步枪推荐给陆军时，当时的陆军参谋长麦克阿瑟一看很不满意，他在批示中提了两个问题：“难道步枪革新必须改变口径吗？改变口径以混乱和花费大量资金为代价，值得吗？”好在加兰德做了两手准备。他立即将 7.62 毫米口径的样枪报给陆军，麦克阿瑟马上批示同意。看来在枪

八、新锐奇兵战场争锋

1. 声音奇小的MP9 微声冲锋枪

（1）应运而生。“9·11”事件后，瑞士布鲁加-托梅公司通过市场调查发现，各国的特种部队急需一种既能徒手射击，又能抵肩射击，并能隐蔽携行的小型微声冲锋枪，便迅速投入力量研发。为了走捷径，2001 年，该公司买来了奥地利TMP战术冲锋枪的专利权、生产权，在其基础上改进，推出了MP9 微声冲锋枪。

（2）结构性能。MP9 的操作方式与手枪几乎相同，采用的也是将弹匣插于握把的设计，长度适中，并与前小握把的分布距离合理，易于操作，无须专业培训。射击时枪口会稍稍上跳，但幅度很小，而且熟悉枪的人马上就能适应。它采用新型工程塑料，抗腐蚀性强，即使在海水中使用也不会生锈。它零部件少，易分解，全枪零部件浑然一体，线条流畅，枪体短小，结构紧凑，枪身轻，利于狭窄空间使用。它可左、右手操作，单、连发射击，火力猛，性能可靠，在 25～150 米射程内命中率高。口径 9 毫米，全枪带消声器伸托长 725 毫米、缩托长 505 毫米，枪管仅长 130 毫米，空枪重 1.4 千克，配备有 15 发、20 发、25 发和 30 发共 4 种弹匣。

（3）小心眼睛。它的缺点是发射时火药燃气会在抛壳后向后逸出，因而需要给射手配备防护眼镜。值得一提的是，美空军及航空兵为驾驶员的自卫武器发出了竞标，MP9 在与MP7 冲锋枪的PK中胜出，让HK公司的MP7 首尝竞标败果，MP9 性能之好可见一斑。

械设计上不但要考虑科学合理，还要考虑原有的装备情况及资金投入情况。加兰德研制的M1 半自动步枪可靠性、射击精度高，易于分解和清洁，无论是在太平洋岛屿、东南亚丛林，还是在非洲沙漠、欧洲大陆，都表现出色，被实战证明是一种可靠、耐用和有效的步枪，也被公认是“二战”中最好的步枪。美国名将巴顿称赞说：“M1 步枪是曾经出现过的发明中最了不起的战斗利器。”正因为如此，该枪也成为枪械历史上第一种大量生产列装的半自动（自动装填子弹）步枪，仅在“二战”中就生产了 400 多万支。

◎MP9 微声冲锋枪（上：缩拖；下：伸托）

2. 操作奇易的德国HK121 通用机枪

（1）先见之明。从 1968 年以来，德国陆军对现役的MG3 机枪还比较满意，缺乏更新换代的动力。然而，德国枪械巨头HK公司判断，换枪是迟早的事。为了抢占先机，2004 年，HK公司在完善MG4 班用机枪的同时，自行投资研发HK121。

（2）设计注重耐用。该枪在设计时，特别强调枪支的战场耐用性，大量参考了MG4 的设计经验和部队反馈信息。其机匣采用铸造工艺，在原厂测试中，至少可发射 5 万发子弹，而送交德军测试的样枪更达到 7.5 万发。其枪管采用高级钢材和冷锻工艺制造，内部镀铬处理。在德军的测试中，在持续发射DM151 钢芯穿甲弹的情况下，枪管平均寿命约为 1500 发，而MG3 仅 400 发左右。该枪在机匣左侧设计了上弹指示器，只要把弹链装进托弹盘，盖上机匣，上弹指示器就会自动弹出。弹药是否上膛一看或一摸便知。

（3）操作简易。①该枪的枪管经过特别强化，能承受 2 颗弹头在枪

◎实战状态下的德国HK121 通用机枪

◎德国HK121 通用机枪

管内撞击产生的额外应力，即便有一发弹头卡在枪管内，只要下一发弹药正常击发，就能把卡住的弹头顶出枪管，不会影响该枪的正常射击。而其他型号的通用机枪发生类似故障时，只能中止射击，退膛换枪管。②该枪无论枪膛内是否有弹，都可随时开关保险，而且用左手、右手都很方便。③该枪更换枪管便捷，射手只需抓住枪管提把，然后按下枪管卡榫，就能迅速抽换枪管。④握把位置安排在枪身重心附近，射手在端枪行进时可随时抵肩射击。⑤当枪支在战场上因零部件受脏物污染而无法正常射击时，射手只需把气体调节器调整到紧急位置，就能在短时间内维持枪械的正常使用。这可是在生死关头能救命的性能啊！⑥为了方便射手在狭窄空间内活动，其枪托采用折叠式设计和塑料材质制造。⑦该枪枪口装有鸟笼式防火帽，能有效降低射击时的后坐力和枪口焰。⑧该枪最高射速 800 发/分左右，如果需要可压低到 600～700 发/分。该枪使用折叠式双脚架时的有效射程为 600 米，使用三脚架时增至 1200 米。⑨该枪可采用多种供弹方式，除常用的弹链供弹外，还可使用 120 发弹袋。

（4）瑕不掩瑜。该枪的一个缺点是，由于大量采用高级钢材，其空枪重（含折叠式双脚架）超过 12 千克。如果再加上 200 发备弹，机枪手需要负重超过 15 千克。尽管如此，HK121 通用机枪综合集成了班用机枪的轻巧特性和传统通用机枪射程远、火力猛等优点，在耐用性、可靠性、易操作、易维护等方面性能优良。按照德国国防部的说法，该枪的威力是 MG3 通用机枪的 1.8 倍。2013 年正式装备德军。

3. 射速奇快的“米尼岗”M134型机枪

（1）射速之最。美国陆军型号为M134 型速射机枪，用途广泛，美国空军型号为GAU-2 B/A型，美国海军型号称GAU-17/A型。目前，这种机枪最高射速 6000 发/分，被称为世界上射速最快的机枪。

（2）老“兵”新传。该机枪于 20 世纪 60 年代初由机载M61A1“火神”6 管速射机炮上发展而成，系列口径为 5.56～25 毫米。最初美国空军在此基础上重新设计发展出 7.62 毫米口径 6 管GAU-2 型航空机枪，采用电力驱动，由一名乘员操作，用于美国空军的轻型飞机和直升机上，拥有极高的射速，威力惊人，并曾在越南战争期间广泛使用。

（3）结构性能。M134 型速射机枪采用回转联动装置，转动部分在固定套管盖内，当电机驱动枪管转动时，枪机部件和套管盖主凸轮轨道随之移动，引起枪机部件随着移动轨道往复移动，击发弹药。每个枪管被固定安装在枪管夹具部件中和枪机部件成一直线，在一台电机驱动下转动。枪长 75 厘米，重 15.88 千克，有效射程 1500 米。该机枪若以 6000 发/分

◎“米尼岗”M134型机枪

射速在 1 秒钟内做水平面 ± 45°扫射，则在 200 米距离上每隔 3.14 米便命中 1 发子弹。采用北约组织的 7.62 毫米口径标准弹药，M134 型可靠性为 25 万发，寿命 60 万发，每根枪管寿命 1 万发。

九、水下奇刃“蛙人”克星

1989 年 12 月，位于地中海的马耳他岛戒备森严，时任苏联最高苏维埃主席、苏共中央党书记戈尔巴乔夫和美国总统布什在此会晤。为保证首脑安全，苏联海军的“蛙人”部队也被调来负责水下警戒，这使人们有机会目睹这支神秘部队的真面目。人们惊奇地发现，苏军“蛙人”手持一种前所未见的水下步枪。这种步枪呈深灰色、外形独特，因而引起了轻武器专家们的极大关注。原来，早在 20 世纪 60 年代，苏联黑海舰队受到土耳其和伊朗威胁，北约组织的海军特种部队有时会组织“蛙人”分队潜入塞瓦斯托波尔军港内部。为此，苏联在黑海舰队成立了共约 100 人的特种水下作战部队（PDSS），并于 1969 年开始，着手研发水下专用作战武器。

1. 苏联水下突击步枪APS

（1）谍影重重。数年前，在苏联符拉迪沃斯托克（我国称“海参崴”）军港，一名西方情报人员设法认识了一名在苏联远东舰队服役的士官。几次接触后，他用金钱做诱饵要求该士官设法搞到APS水下突击步枪和水下夜视装备。这位士官马上报告了上级，苏方决定将计就计，命令该士官继续与间谍保持接触。就在西方情报人员满心欢喜、带着约定的酬金

知识链接

突击步枪惊艳亮相

1942 年冬，德军的一个“大剪刀突击队”被苏军包围了，德国人紧急空投了一批 7.92 毫米口径的冲锋卡宾枪，这支突击队利用该枪的猛烈火力居然冲出了包围圈。其实德军空投的也不是什么尖端武器，只是一种使用奇特子弹的枪，子弹的奇特之处在于比手枪弹长、比步枪弹短。后来人们将这种使用中间威力弹的枪称为突击步枪。原来，德军和苏军的枪械专家发现，冲锋枪虽然射速高，但射程近，而且使用的手枪弹威力也偏小；步枪发射大威力枪弹只适于固定阵地远距离射击，虽然杀伤力大、射程远，但由于装药量大，后坐猛烈，射手肩部疼痛不说，还影响精

前往交换APS水下突击步枪时，苏联反间谍机构早已埋伏在四周，暗中拍摄了所有过程，并当场逮捕了这名倒霉的西方情报人员。随后，苏联便公布了事件的全程录像，APS水下突击步枪一时名声大噪。

（2）设计原理。从20世纪60年代末开始，专门为克格勃特工人员研制并生产特种装备的中央精密机械研究所即受命研制水下射击武器。为了有效地对付“蛙人”，许多国家都曾研制水下特殊武器，但由于无法保持子弹在水中运动时的稳定性，武器效能都不尽如人意。而苏联负责水下射击武器研制工作的克拉夫琴科提出了著名的空穴现象原理：长椭圆形弹体在水中以较高速度飞行时，弹头附近的水介质会得到压缩，并在弹头后面紧贴弹头处形成一个直径较小、没有水的气泡，即空穴。由于仅弹头部分受到水的阻力，其余部分与水不接触，总的阻力也比较小，弹体尾部就会不时触到空穴内面，然后偏离内腔压缩水层，此时，弹体就会像在一个管道中一样，沿空穴的轴心飞行，飞行过程中弹体并不旋转，而是在空穴直径范围内，通过尾部的摆动来保证飞行时的稳定。

（3）“蛙人”克星。工程师萨扎诺夫根据上述原理研制出了专门对付“蛙人”和海盗的水下射击专用子弹：水下手枪使用4.5毫米子弹，水下突击步枪使用5.66毫米子弹。水下子弹的弹头是长约20毫米的钢地锚（常规弹头仅长5毫米），弹头的头部在其直径平稳收缩基础上压制而成。两种水下专用子弹都采用由黄铜制成的特殊弹壳、坚硬的弹头、火帽，进行严格、可靠的密封，保证子弹能在水中长时间飞行后顺利起爆。子弹表面还有特殊的防护层，防止海水腐蚀。这两种子弹都能在水下15～20米距离内、能见度较好的情况下，消灭由5毫米有机玻璃面具防护的水下“蛙人”。设计师拉西米尔·V. 西蒙诺夫和

度，零件寿命也短；而且枪长、笨重，严重影响步兵机动。因此，两种枪都不能满足运动战的要求。于是，德国和苏联的枪械设计师根据战术的变化，首先提出了适当降低步枪威力、缩短步枪有效射程，以实现步、冲合一，研制出一种长度介于手枪弹和步枪弹中间的子弹，并开发出使用这种中间威力枪弹的自动步枪。德国率先研制出了这种步枪，并于1942年用于苏德战场。1944年被命名为突击步枪。突击步枪克服了大威力枪弹步枪连续火力较弱、后坐力大和冲锋枪威力不足的缺点，连发易控制，使全自动步枪得到了推广。

◎苏联水下突击步枪APS

他的妻子西蒙诺娃，在这两种水下射击专用子弹研制成功的基础上，基本设计以卡拉什尼科夫的AK47、AKM突击步枪为蓝本，为苏联海军“蛙人”部队研制成功 5.66 毫米水下突击步枪，受到苏联政府嘉奖，1983 年被授予“苏联卓越发明家”称号和政府勋章。

（4）结构性能。该枪属于纯军用水下射击武器，采用导气式操作自动原理，回转式枪机，开膛待击。机匣左侧有一个保险/快慢机柄，可选择半自动或全自动射击。其弹药装填了特种火药作射击动力，既可进行点射，又可进行连射。连发方式与普通步兵自动武器一样可切换，包括全自动（长点射 10 发）和半自动（短点射 3～5 发）。水下射击极限水深 40 米，登陆后无须更换弹药，有效射程 100 米。该枪采用塑料射击手柄，后方略窄，便于收回折叠枪托；杆式伸缩枪托；塑料弹夹。零件均为金属冲压成形，外观简洁。全枪长 840 毫米（枪托打开）、614 毫米（枪托折叠），带空弹匣重 2.7 千克，弹容量 26 发，射速约 350 发/分。该枪采用MPS弹，在水下 5 米发射时有效射程为 30 米，水下 20 米时为 20 米，水下 40 米时为 11 米；采用MPST曳光弹时射程略近。该枪对付经过增强的潜水服、防护头盔或贯穿呼吸器材之类的厚物时很有效，还可用于对付一些有塑料外壳或透明罩的小型水下机器装置。但由于其体积较大，需要花较长时间瞄准，尤其出水后枪管和大而扁平的弹匣内灌满了水时更是影响摆动速度，因此，苏联的战斗“蛙人”更喜欢在水下使用后面提到的SPP-1M手枪，而在水面上使用AK步枪。该枪于 1975 年前后正式列装，但它的使用和配发仅限于少数部队。1992 年，俄罗斯才把APS实枪拿到了希腊雅典的防务展上，后来又参加了几次西欧的防务展，但对该枪的结构和性能闭口不谈。在俄罗斯高科技武器大量出口的今天，APS仍旧只由俄海军特种人员使用，因而始终保持着秘密武器的特殊地位。

2. 苏联 4.5 毫米 4 管水下手枪SPP-1

（1）高手出马。水下“蛙人”作战，传统的自卫武器都是潜水刀和梭镖枪。梭镖枪是一种用罐装压缩空气发射梭镖的装置，在水下发射的射程取决于深度，在 5 米水深时为 15 米，而在 40 米水深时只有 5 米左右。

梭镖枪的缺点是体积较大，携带不方便，而且一次只能打1发，装填速度慢。但传统枪弹在水下发射时射程极近而且弹道不稳定。20 世纪60 年代后期苏联海军要求中央精密机械研究所研制专门的水下手枪，设计师拉西米尔·V. 西蒙诺夫担任开发工作，他是曾经设计出SKS半自动步枪的著名设计师谢尔盖·西蒙诺夫的堂兄弟。他成功研制了一种手动操作的 4 管水下

◎苏联SPP-1M水下手枪装弹时需扳开

知识链接

从滑膛枪到线膛枪

枪管内壁光滑、没有任何刻线的枪叫滑膛枪。当滑膛枪发射的弹丸飞行超过 300 米后，由于受到空气阻力和重力的作用，命中率会大幅度降低，难以满足要求。1854 年，英国测量员意特沃斯奉命改进枪的性能，解决此类问题。他绞尽脑汁，忽然间想到小孩玩的陀螺，受到了启发。陀螺之所以能保持旋转，是因为它不仅围绕着自身的轴线转，而且陀螺轴线还围绕着垂直轴线旋转，转得越快，直立得就越稳，摆动角就越小，特别是方向保持不变，且不受外界环境的影响。于是他在枪管内刻制螺旋膛线。遗憾的是，他研制成功的意特沃斯步枪无人问津。因为当时

手枪，被命名为SPP-1。该枪于 1971 年开始装备苏联海军的战斗“蛙人”部队。后来SPP-1 经过改进，主要是在扳机拉杆上增加了一个弹簧，以改善扳机扣力；扳机护圈增大，以适应较厚的潜水手套。改进后的枪被命名为SPP-1M，目前该枪除了装备俄罗斯海军特种部队，还有控制地出口到其他国家。

（2）子弹如“箭”。该枪使用专门的SPS水下弹药，发射一种又长又细的箭形弹头。使用 40 毫米长的突缘瓶颈形水密弹壳，弹头由低碳钢制成，弹径 4.5 毫米，长 115 毫米、重 12.8 克。全弹长 145 毫米、重 17.5 克。装填时像民用单管或双管猎枪那样扳开枪管，从枪管尾部装填。这种箭形弹的弹尖顶端是平的，通过滑膛枪管发射，依靠流体力学效应来稳定，由于发射药的爆发力比压缩空气强，因此SPP-1 水下手枪在水下的有效射程和穿透力比以往潜水员用的梭镖枪更强。在其有效射程内可轻易地穿透保暖潜水衣或 5 毫米厚的塑料面罩，对潜水员造成严重创伤。其有效射程取决于水深，水深为 5 米和 40 米时分别为 17 米和 6 米。

（3）美中不足。不过这种箭形弹在空气中飞行不太稳定，因此在水面上使用时有效射程很有限，通常只能应急使用。一套完整的SPP-1 装备包括 1 支手枪、10 个装有 4 发箭形弹的弹盒、枪套和 1 条可携带 1 个枪套和 3 个弹盒的专用背带。

法军的米涅上尉早在1846—1849年研制的尖头圆柱形米涅弹和前装线膛米涅枪已经抢占了下先机。1854年11月26日，装备前装线膛枪的英、法、土联军与装备滑膛枪的俄军在因克尔曼展开决战。此役联军伤亡3000余人，其中死亡700余人；而俄军伤亡达1万余人，其中死亡5000余人。双方伤亡率之比约为1∶3，死亡率之比约为1∶7。由此可见，两种枪的作战效能优劣分明。到了19世纪中叶，使用定装式枪弹的线膛枪逐步取代了滑膛枪。

◎苏联SPP-1M水下手枪

ТА-0235
ЗАРЯЖ
ПР
ОГОНЬ

3. 德国HK P-11 水下无声手枪

（1）超级机密。德国HK P-11 式 7.62 毫米水下无声专用手枪是HK公司于 20 世纪 70 年代研制、1976 年正式装备德国海军“蛙人”部队的一种专用武器。这种手枪装配一种特制的箭形贫铀子弹，能在地面和水下使用，引起了西方国家海军特种部队较高的兴趣。该枪在问世前后较长的一段时间内，曾经是德国及相关国家的高级机密。

（2）结构性能。P-11 水下手枪由两大主要部件构成：枪管和手柄。这种手枪共装配 5 支枪管，全部密封，通过枪栓旁可折叠转换装置安装在手柄托架上，子弹发射所需要的电能由装配在手柄中间的两组蓄电池提供。其主要特点是借助电子系统，通过电动控制发射子弹，能在水下、水上使用，水下有效射程为 15 米，水上可达 50 米，特别适合从水下到海岸的秘密渗透行动。该枪在 30 米距离内的射击效果非常好，丝毫不逊色HK公司生产的MP5-SD6 无声冲锋枪。该枪全枪长 200 毫米，高 185 毫米，宽 60 毫米，枪膛长 146 毫米，总重（带弹）1.2 千克，枪管（带弹）重 0.7 千克，子弹规格 7.62 毫米 × 36 毫米。由于水下弹道特性有别于空气弹道特性，对子弹比重的要求较高，因此，该枪专用的箭形子弹弹芯中使用了贫铀，以提高子弹比重，保证射击效果。

（3）缺点明显。该枪存在的缺点：①技术保障比较复杂，发射5发后，只能将枪送回HK公司进行装弹再密封，使用不够方便；②由于主要是在水下使用，海水中盐分较大，密封处电子接点非常容易氧化；③用于定期检查手枪电子组件电路状况的特殊维护仪器相当于该枪自身大小的 2/3，还必须安装在枪管上使用，操作起来比较麻烦；④在水下携带过程中，该枪射击部件接点处都装配有可拆卸防护垫片，使用前须除去，这一额外操作自然会增加战斗反应时间；⑤由于弹芯中使用了贫铀，会对人体产生辐射危害。

从 20 世纪 70 年代中期开始，HK公司共生产了数百支P-11 手枪，除装备德国“蛙人”部队之外，还出口到了美国、以色列及欧洲许多国家。

◎德国HK P-11 水下无声手枪

4. 俄罗斯ADS水陆两栖突击步枪

（1）一枪两用。水陆两栖步枪指在陆地和水中都能有效射击的步枪。2000 年，俄罗斯首次尝试开发了一种水陆两栖突击步枪。研制关键是让枪的普通制式弹夹既能装水下用的子弹，又能装水上用的常规子弹，一枪两用。难点是将尺寸较长的水下枪弹改进成常规子弹的尺寸。俄罗斯在 A-91M 无托步枪基础上，研制了ADS水陆两栖突击步枪，目前已经装备俄海军特种兵，目标是取代APS水下步枪执行海上安全和反恐任务，以消除“蛙人”为完成两栖作战任务既携带水下枪械又携带常规枪械的不便。

（2）先弹后枪。图拉武器设计局于 2005 年成功设计研制出外形尺寸与标准 5.45 毫米 × 39 毫米枪弹相同、作战效能与原水下枪弹相近的新型水下弹药PSP枪弹。这种子弹弹头表面有特殊结构，能在水下射出的子弹周围形成一个气泡（空穴）且保持足够时间，帮助子弹在水下射程内沿正确弹道稳定、高速“飞行”。接着，该设计局又着手研制发射这种新型枪弹的ADS水陆两栖突击步枪，中央精密机械研究所的尤里 · 达尼洛夫教授负责设计研制工作。

◎俄罗斯ADS水陆两栖突击步枪

（3）设计与性能。该枪在 A-91M 基础上重新设计：保留其主要结构和特征对导气系统进行改进；增加了一个环境（陆地/水中）选择装置，增加了一个可拆卸的 40 毫米榴弹发射器，扳机护圈内增加一个前置扳机来控制榴弹发射器的发射，膛口可加装制退器/减震器、消声器或空包弹发射适配器。另外，该枪还重新选择了制造材料，配有可调节的机械瞄具，机匣顶部设计有一体式提把，提把上方加装皮卡汀尼导轨，可安装各种昼夜光学瞄具。该枪在陆上使用时可发射所有 5.45 毫米 × 39 毫米弹药（包括普通弹、曳光弹、穿甲弹），精度和有效性都与AK74/AK74M步枪相差无几。在水中射击时，使用 5.45 毫米PSP枪弹，在精度和操作方便性上都比APS好很多。

（4）优点突出。该枪最主要特点是，当“蛙人”完成水下任务后登岸或潜入敌军船只时，只需换上陆战弹匣，将枪上气体调节阀从水下模式切换成陆地模式即可继续作战。测试结果显示，这种水战子弹在水深 5 米处可击中 25 米以内目标，在水深 20 米时有效射程为 18 米。如果“蛙人”

◎泡在鱼缸中的ADS水陆两栖突击步枪

离开水面时突遇紧急情况需要近战，可不切换气体调节阀而直接用水战子弹开火。这种枪使用水战子弹时的陆上最大射程为 100 多米，换上陆战弹匣后最大射程可达 500 多米，杀伤效果等同AK-74 步枪。该枪弹匣等一些机件位于击发扳机后方，省略了传统枪托，使整枪长度只有 66 厘米，在不装弹匣时重 3.4 千克，适合在水下狭窄环境中使用，尤其便于“蛙人”通过某些孔洞进出水下设施。

（5）好货不便宜。总的来看，该枪性能优越超前，虽然其生产、装备成本相对常规武器偏高（如一枚PSP弹头成本就可能高达人民币数百元），但由于特种部队的“点穴”式打击往往能对最终胜负起到关键性作用，因此也可以说是物有所值。

十、功能奇巧妙招制敌

许多特种任务需要功能奇巧的枪来完成，这类枪通常是非常规枪械，如用于暗杀、防身、反恐、救援的某些武器，主要被各国军事、安全、情报、警察部门和各种犯罪组织及个人使用。由于用途特殊，所以结构差异很大。

1. 微声手枪PSS

（1）子弹“无声”。1979 年，苏联中央精密机械研究所开始研发一种通用小型无声手枪，以装备苏联陆军特种部队和克格勃，项目代号“羊毛”。与常规微声武器采用消音器的消音方式不同，设计师另辟蹊径，研发了一种微声手枪弹来达到消音效果。这种被称为“活塞弹”的特殊枪弹

知识链接

圆锥形子弹的诞生

19 世纪枪械的最大进步是发射圆锥形子弹的后装线膛枪问世，枪的精度和射程大幅度提高。本来，由于火炮比枪在射程上有优势，在 19 世纪上半叶，火炮在战争中造成的伤亡占总伤亡人数近 50%，而枪占近 40%；到了 19 世纪中后期，各国军队大都采用圆锥形子弹，使枪相对于火炮和冷兵器，杀伤威力突然提高了一大截。以美国内战为例，枪造成的伤亡占 85%～90%，而炮仅占 9%～10%。早期线膛枪装填弹丸的方式是用锤子猛打通条将浸油纸或布包着的弹丸从膛口挤进，使之紧贴膛壁；后来是将小于枪膛内径的铅弹丸滑入膛底，然后用通条捣扁，使之嵌

（即SP-4）结构独特之处在于，手枪弹里面只装有少量火药，在弹头与发射药之间有一个活塞。当发射药被引燃后，推动一个活塞把一枚弹头直接推出去，而活塞会被弹壳口挡住，活塞会保证火药燃气和烟、焰均被密封在弹壳内缓慢释放，发射时从枪口溢出的火药燃气造成的声音很小。新枪追求的正是通过这种特殊的弹药实现发射时微声、无烟、无枪口焰。

（2）性能超群。该弹的枪口速度为亚音速，最大射击距离 50 米。在 10 米的距离上，这种子弹能击穿 2 毫米厚的钢板；在 25 米的范围内，这

◎微声手枪PSS

入膛线。这两种办法都费时费力。深受装弹之累的英国诺顿上尉想到了他在印度时的一次经历。他曾检查过印度南部土著人所用的吹管箭，发现它们是用柔软而有弹性的木髓做成的。当吹气时，木髓就会扩张，紧贴着吹管的内壁，防止空气跑掉，从而将箭射出。于是，他在 1823 年研制了一种圆锥形弹丸，它有一个凹形的底座，在发射时，弹丸就会膨胀，并封住枪膛的口径。1836 年，伦敦的制枪师格林又改进了诺顿的弹丸，在它的底部又加进了一个锥形的木栓。这种子弹与后装线膛枪相结合，成为 19 世纪最具杀伤力的武器。

◎PSS微声手枪和微声手枪弹

种子弹能穿透钢制防弹衣或凯芙拉头盔。由于SP-4 弹药有许多创新且性能优秀，其设计师被苏联政府授予了“国家奖章”。接着，他们又研制出了与新弹配套的手枪，定型后被命名为PSS（自动装弹特种手枪），其结构比较简单，主要由套筒座、枪机、弹匣和握把等部分组成，采用枪管后坐式自动方式。

（3）近乎完美。1983 年，包括PSS无声手枪和SP-4 弹药的无声手枪系统开始服役，定型为 6P28，主要装备特种作战部队。该枪采用 6 发可拆卸式单排弹匣，空枪重 700 克，带 6 发弹重 850 克。口径 7.62 毫米，枪口初速 200 米/秒，有效射程 25 米，最大射程 50 米。该枪没有消声器，尺寸小巧，全枪长仅 170 毫米，与现在许多紧凑型手枪尺寸相仿，甚至还更小一些。外观较为圆滑，没有明显凸起，不易勾挂，可方便地隐藏在身上，随时准备射击。由于该枪射击时声音很小，且发射后枪身周围没有闪光，是一支近乎完美的无声武器。虽然三十多年过去了，这支枪的性能依然难以超越。

2. 盐弹防狼手枪

2015 年，美国推出了一种盐弹防狼手枪。该枪用动力空气炮发射塑料球子弹，而这种子弹内部的“火药”是由盐和辣椒等带有强烈刺激性的东西制成的。手枪弹本身不具备对人进行杀伤的能力，但具有一定的冲击力，打在身上会瞬间产生剧烈的灼热感，使人感到十分疼痛，效果最长可持续约 50 分钟。该枪的设计初衷是为了帮助那些相对比较弱小的人进行防身，毕竟与防狼喷雾相比，手枪本身就具有更强的威慑力，而打在身上的强烈疼痛感也能让歹徒在短时间内误认为自己真的中弹而不得不放弃歹意。该枪的售价为 299 美元。

◎盐弹防狼手枪

3. JPX-4 胡椒喷射手枪

瑞士Piexon公司研制出了胡椒喷射手枪，2015年第42届“国际狩猎、运动武器、户外用品及附件展览会”（IWA）上推出。如果歹徒眼睛接触到该枪喷出的胡椒水，就会造成JPX暂时性失明，皮肤接触到胡椒水会产生烧灼感，呼吸道流入胡椒水会造成呼吸困难。而且喷出的胡椒水会覆盖歹徒戴的眼镜镜片，致使其无法视物。该枪扳机护圈下方和套筒两侧均设有导轨，可装 4 支发射药管，连续喷射，能对付多名歹徒，是女性防狼利器。

4. 胡椒球发射枪（VKS）

2018 年 6 月，美军与“胡椒球”科技公司签订了一份价值 65 万美元的合同，采购 270 支胡椒球发射枪，配备给驻阿富汗美军，用来发射胡椒球弹，以便在对付抗议者时减少平民伤亡。这种枪外形与 M4A1 卡宾枪相似，口径 0.68 英寸，射程 40 米左右，射速 20 发/分。每支枪有 2 个弹夹，每个弹夹可装 15 枚胡椒气弹。胡椒气弹外表呈球状，子弹内是胡椒粉，击中目标爆裂后，散发出胡椒气体，对人的眼睛和呼吸道产生强烈刺激，使人在 15 分钟内降低行动和反抗能力。胡椒球发射枪旨在替代橡胶子弹等武器，因为后者使用不当会导致死亡。此外，该枪还可发射彩色颜料

◎JPX-4 胡椒喷射手枪

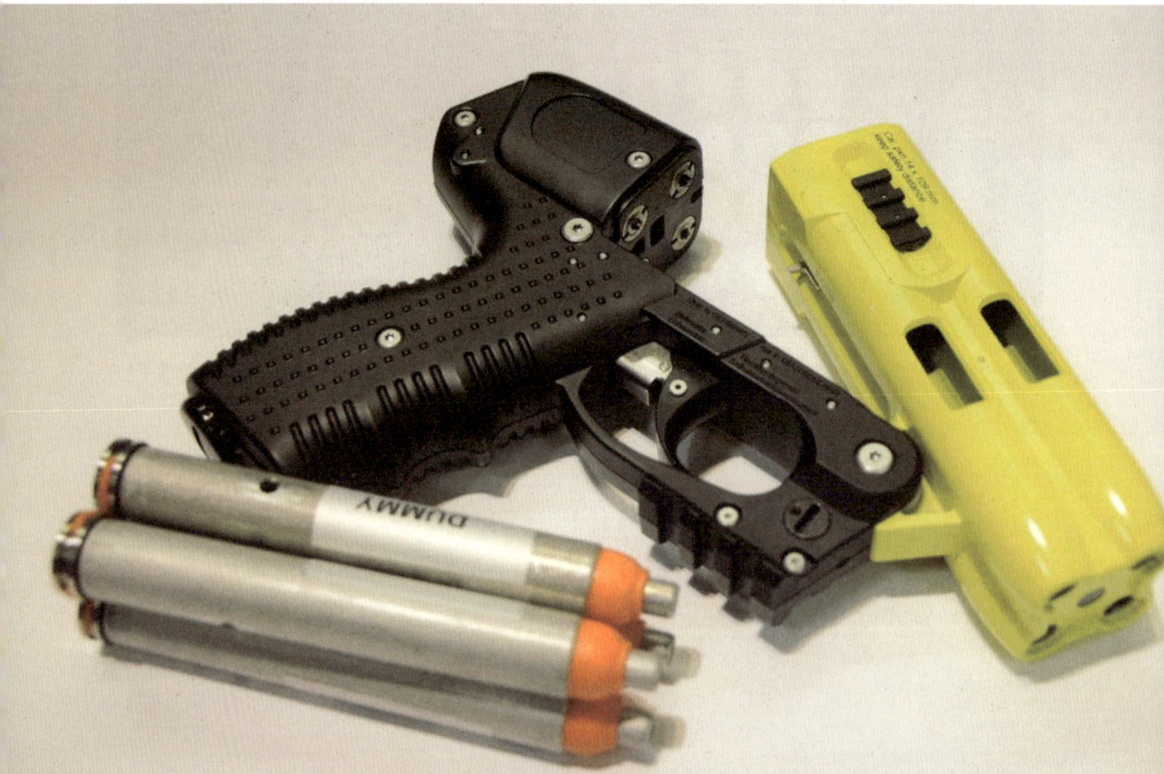

◎胡椒球弹枪

◎胡椒球弹

子弹，击中嫌疑人后，即使嫌疑人钻进人群，警方也可马上识别。上述两种子弹可打穿汽车玻璃，并可连发，第一发打穿玻璃，第二发即可打出胡椒粉。在使用传统武器不是最佳解决办法的情况下，这类武器可降低死亡和人身伤害的风险。

5. GSG-PDR袖珍防御手枪

德国GSG公司研发了一款GSG-PDR袖珍防御手枪，在 2015 年德国举办的“国际狩猎及运动武器、户外用品及附件展览会”（IWA）上推出。该枪采用双管设计，枪管上下排列。枪身采用中折式——枪身可从中间折开，方便向弹膛内装弹或退壳。该枪采用 0.45 英寸口径，可发射 0.45 英寸柯尔特长弹和 0.41 英寸霰弹，容弹量为 2 发。该枪非致命型号GSG-PDR“胡椒粉”，虽然叫“胡椒粉”，但是其发射OC催泪弹，也是防身的利器。其原理是：在枪管后部安装火帽，枪管中填入火药，再从前部装入子弹，通过手枪的扳机牵引击锤撞击火帽，进而点燃火药将子弹发射出

◎GSG-PDR袖珍防御手枪

知识链接

一个世界“枪王”的成长

1941 年夏，德国向苏联发动了大规模闪击战，苏军伤亡惨重。其中一个重要原因是苏军用的单发步枪不足以对付德军的冲锋枪。苏联伤兵卡拉什尼科夫决心要设计出一种能胜过纳粹冲锋枪的枪械。他一头扎进了图书馆里，借阅了各种枪械方面的书籍，很快就从门外汉变为行家里手，但接连设计的三支样枪均未获得权威部门认可。不过苏联步兵武器权威勃拉贡拉沃夫中将发现了他的过人智慧，决定送他到技术学院深造，使他受到了比较正规的工程技术训练。1943 年，卡拉什尼科夫根据战场需要，决心研制一种兼有冲锋枪和步枪二者优点的

去。因为火帽优良的性能，这种手枪相比燧发点火手枪有着更低的故障率与更高的可靠性，是一种实用的自卫武器，也因此终于获得了普及。这类手枪的作用与胡椒喷雾相似，也是防暴装备的一种，对于单身女性尤为有用。相比于胡椒喷射手枪，这款枪威力要小很多，但也能满足防身的需要会更受欢迎。

◎GSG-PDR袖珍防御手枪

新型自动步枪。经过3年的艰苦努力，他研制的样枪因枪身轻、尺寸小、结构简单、动作可靠、火力猛烈、精度高、便于维修保养，在靶场一鸣惊人，被命名为AK47，大量生产并装备部队。后来，卡拉什尼科夫又设计出了AKM和AK74，AK系列步枪在全球的总产量估计有3000万～5000万支，是世界上生产最多的一种步枪。卡拉什尼科夫因此被誉为世界“枪王”。这个例子告诉人们，即使你文化基础薄弱，只要你确定了奋斗目标，并发愤努力地向着目标前进，机会和运气就会向你招手，成功就很可能属于你。

第3章

未来奇枪初露端倪

随着未来科技的迅猛发展和作战样式的变革，各国除重视提高枪械的机动能力、增强其威力、加大其火力密度、提高其精度，以提高其作战效能之外，更会重视提高枪械对任务、人员和环境的适应性，加强枪械反器材、反空袭能力，使枪械实现点、面杀伤与破甲一体化，同时尽量减少误伤和附带破坏，特别是在反恐维稳和应急处突时以软杀伤取代硬杀伤。因此，枪械在新材料（如轻金属、工程塑料等）、新能源（如非火药能源——电磁能、声能、光能、电能等）、新原理（电子击发）、新结构（如制导子弹）和非致命等方面将有大的突破和发展，呈现出系统化、电子化、智能化趋势。

一、激光枪指哪打哪

激光枪是用激光当子弹杀伤敌人，可使之失明、死亡或因衣服着火而丧失战斗力，也可射击激光或红外测距仪、夜视仪的光敏元件，使其损伤、失灵。激光枪是美国人于 1978 年发明的，它与普通步枪差不多，包括激光器、激光源、击发器和枪托四部分，能够像步枪一样方便灵活地使用。

1. 在伊拉克战场大显身手的“宙斯-悍马”

（1）排“爆”利器。2008 年 11 月，英国媒体透露，美军将激光枪部署到了伊拉克。这种被称作“宙斯-悍马”激光弹药销毁系统并不是用来杀人的，而是用于引爆未爆炸武器。自制路边炸弹一直令驻伊拉克外国军队头疼。一旦发现了自制路边炸弹，处理时首要的是与炸弹保持一定的安全距离，还要防范狙击手的伏击。当时美国大兵实际上是用火箭助推榴弹来摧毁这类爆炸物。这种办法不但成本高，而且有时还会击不中目标。但用“宙斯-悍马”就简单了，它指哪打哪，在 300 米的有效距离上，总能精确射向指定的目标。

（2）“手到擒来”。其实，由于深知排除简易爆炸装置和未爆弹药的危险性，美军一直在寻求安全有效的排除方式。早在 20 世纪 80 年代，美国陆军就提出了利用高功率激光排除此类危险的概念，并历经十余年研制成功“宙斯-

◎正在发射激光的“宙斯–悍马”

悍马”激光弹药销毁系统。该系统由高功率固体激光器、光束定向器、标记激光器、彩色电视摄像机、控制台和相应的支持系统构成，并集成装入一辆装甲增强型“悍马”车。其核心部件是高功率激光器。该系统采用了稳定、可靠性高、能耗极低的IPG光纤激光器。2002 年 10—11 月，该系统进行了野外试验，共排除了 800 多枚地雷和未爆弹药。

（3）战场扬威。2002 年 12 月，该系统被部署到阿富汗，成为第一个部署到战场的激光武器系统。它在阿富汗 6 个月的时间里成功销毁 200 多件未爆弹药。有记录显示，该系统曾在不到 100 分钟的时间里销毁了 51 发炮弹，其在恶劣的环境下（高温、震动、灰尘）稳定的表现得到美国军方的一致赞扬。目前，该系统操作成员为 2 人，即炮手、车长兼驾驶员。炮手负责目标瞄准并监控整个系统的状态，车长则作为安全官负责指挥和识别危险。作战时，炮手首先利用彩色电视摄像机探测和定位目标，然后用 0.532 微米波长的绿色激光标示目标位置，最后再利用高功率激光器发射的激光束照射并破坏目标。激光束照射目标的时间取决于目标外壳厚度及其材料种类。排除一个目标的时间从数秒到数分钟不等。2003 年 8 月，该系统从阿富汗返回美国本土进行新一轮改进。2005 年，升级后的系统又被部署到伊拉克战场，继续参与排除简易爆炸装置和未爆弹药。实践表明，该系统能够排除地雷、雷管、手榴弹、火箭弹、迫击炮弹等 30 多种金属和塑料外壳军械，并且已经成功地排除了数千枚未爆弹药或地雷，成功率达到 99%。但是，目前该系统只能排除地表地雷。美国陆军计划采用更先进的探测装置和输出功率更高的新型激光器，使其能够排除掩埋的地雷。

2. 异军突起的致盲性激光枪

（1）美国“阻止人员和刺激响应”激光枪。2005 年，美国空军研究实验室曾公布研究成功一款实用型单兵携带的非致命激光枪。它可利用能量来驱散人群和阻止敌人攻击，并可自动感知与目标的距离，因而避免了对眼睛造成永久性伤害甚至永久失明。这种武器被称为“阻止人员和刺激响应”激光枪。其大小和M60 式机枪相当，重约 9 千克。它发射出的光线有点像人们凝视太阳时那种使人眩晕的光芒，可使人暂时失明。

◎美国“阻止人员和刺激响应”激光枪（PHASR）

（2）俄罗斯“溪流”。俄罗斯在2005年阿布扎比防务展览会上展示了一种单兵可携式非致命激光武器，其激光束强度能够迅速准确地导致敌方狙击手暂时失明或武器的光电传感器失灵，造成敌方士兵和技术装备失去战斗力。该武器除低能激光器外，还装备了激光雷达、夜视器等测距跟踪和自动调节装置，作战时可自动搜索和锁定目标。该激光武器全重56千克，作用距离为0.3～1.5千米。可装备警察和特种部队，也可用于保护重点目标。俄罗斯还于2005年4月研

◎俄罗斯新型激光武器

◎单兵激光武器系统

制了另一种非致命激光武器，名叫“溪流”，可供警察或安全部队应付各种骚乱局势和恐怖事件。理论上用“溪流”击倒目标只需1秒时间，但不会致人死亡或失明。这种武器比一般的类似武器更为小巧轻便，射程可达几百米，仅重 300 克，长 15 厘米。

（3）英国SMU100。英国SMU100 激光枪于 2011 年完成研制并开始试用，其价格约为 2.5 万英镑（约合人民币 24.8 万元），由总部位于英国克莱德的光子安全系统公司常务董事、前英国皇家海军突击队员保罗·克尔设计，最初计划是用来对付索马里海盗的。

SMU100 发射出的光束会形成一面约 3 平方米的“光墙”，人的眼睛被其照射后就会短暂失明。而失明后人的战斗力会大大减弱甚至完全丧失，因此这款武器可以用来应对类似 2011 年夏天在伦敦发生的骚乱。而且，与泰瑟枪和催泪瓦斯这类近距离威慑力较强的防暴武器不同，SMU100 最远射程可达 500 米。

据介绍，人眼被SMU100 发出的光束“击中”与长时间盯着太阳看的效果类似，只会暂时失明，过一段时间便可自动恢复视力。

◎英国SMU100激光枪

3. 初露锋芒的致僵性激光枪

1999 年英国《星期日泰晤士报》报道，美国人研制出“致僵”武器，即利用紫外激光器发出光束，在空气中电离出一条通道使电流导向目标，这种电流犹如一种生理上的神经电脉冲，可控制人的横纹肌肌肉组织，支配人的行为动作，使被击中者周身肌肉神经抽搐、痉挛，直至僵硬而丧失活动能力，进而丢掉武器束手就擒，而被击者的心脏、隔膜等重要器官不会受到影响。但电流超过 250 毫安后，会干扰被击者心脏跳动的节律。当然，通过调节激光器的发射波长，致僵激光枪还可破坏微芯片，从而使装有芯片的飞机、坦克、汽车、舰船及其他武器系统丧失战斗能力。

有关专家指出，这种激光枪可做得像手枪一样小，作用距离 5～10 米，是军警、特工得心应手的自卫和攻击武器。

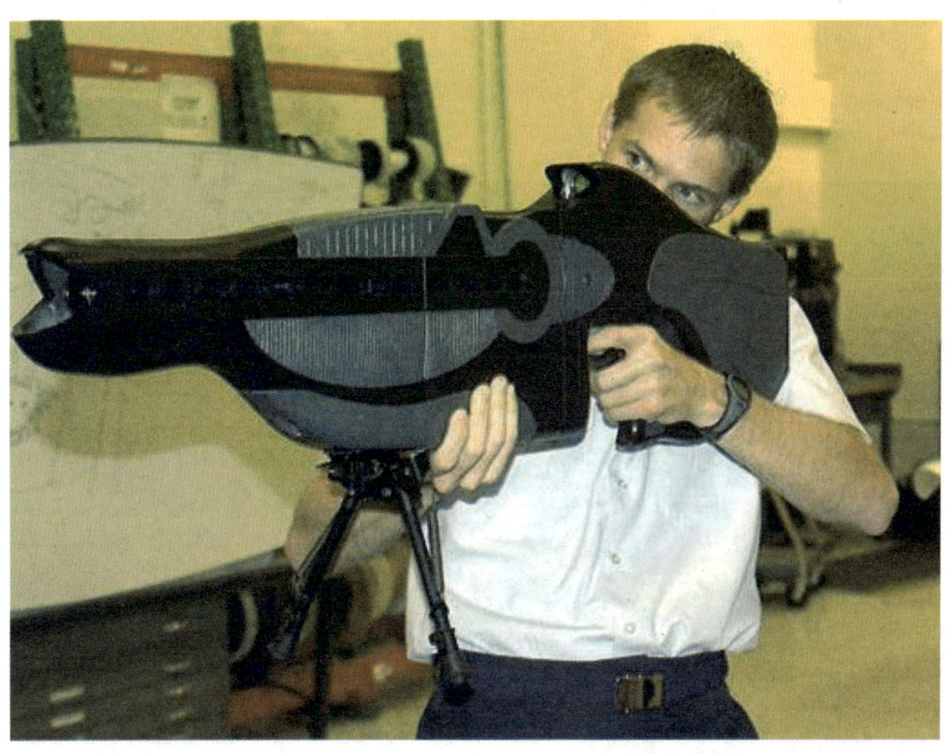

◎美国研制的致盲激光枪（PHASR）

4. 反无人机紧凑型激光武器系统（CLWS）

（1）激光打无人机的尝试。据报道，在 2015 年 8 月美国国防部组织的代号为“黑色飞镖”的反无人机演习中，紧凑型激光武器系统（CLWS）发射 2 千瓦激光束，用持续 10 秒的激光击落了一架微型无人机。外国网站形容此次试验是“用昂贵的放大镜烤一只蚂蚁”。该武器是波音公司研制的激光武器系统，用于跟踪和破坏无人机。波音公司希望该系统可在未来一两年内投入市场，将以美国军方为主要客户。虽然这次实验的武器只能在较近射程上打击低空小型无人机，但却展现了激光武器在这一领域的实战前景。

（2）美军未雨绸缪。实际上，由于小型商业无人机的泛滥，特别是军用无人机应用日益广泛，对民用和军事目标造成的威胁日增，美军各军种早已开展了激光反无人机系统的研究工作。美国陆军与波音公司在“复仇者”防空系统的基础上合作开发了弹、炮、激光一体化的武器系统。美国海军于 2009 年首次试验使用“海军激光武器系统”跟踪、击落了飞行中的无人机。美国空军与波音公司联合研制了安装在拖车上的机动反无人机

◎波音公司紧凑型激光武器系统（CLWS）

激光武器系统，并在 2009 年进行了一次试验，以单束激光击落了 5 架位于不同距离的无人机。而该系统可通过中波红外传感器在 40 千米的范围内识别、追踪地面和空中目标，激光器可在 37 千米的范围瞄准并打下小型无人飞行器，能够削弱和破坏在 7 千米范围内无人机的情报收集、监控和侦察感测器。系统构成简单、便携，可拆分成四部分，由两人运送，在野外可 15 分钟内组装部署完毕。系统重约 295 千克，输出功率高达 10 千瓦，并可根据任务需要调节输出功率，可用一个游戏机手柄和一台笔记本电脑控制。该系统可安装在各种装备上，从阿帕奇直升机到布雷德利坦克，甚至架在一个单独的三脚架上也可操作。

5. 空防新秀德国激光“加特林机枪”

（1）“加特林机枪”的新“成员”。在 2015 年英国伦敦国防与安全博览会上，德国莱茵金属公司展示了一台装有高能量激光效应器的欧瑞康防空炮塔，以及一台刚刚研发出来的、用于海军作战的高能量激光效应器。它使用了欧瑞康“天盾”或“天兵”火力控制单元，用于目标采集和武器控制，同时通过使用配有高能量激光效应器的旋转式炮塔，搭配了一台欧瑞康高能量激光

◎德国激光“加特林机枪”

枪，实际上是一种威力巨大的新型激光“加特林机枪”。

（2）结构与性能。它用 4 台功率各为 20 千瓦的激光发射机同时开火，利用“叠加”技术，组合得到一束功率为 80 千瓦的强大光束。它可在 500 米之外击中无人机，还可引爆炸药和炮弹，使其他船只上的传感器失灵，甚至能在较小的船只上烧出洞来。它可作为新型海上反无人机激光系统的一部分，装载在船上进行作战。高能量激光效应器具有精度高、适用于多种作战场合、海陆皆可使用等优点，该公司通过利用光束叠加技术，能够将一束激光的能量击中到一个小点上。这项技术不仅适用于在单个激光枪平台上进行多道激光的叠加，同时也可以用于多个平台的叠加。这使得它可获得更大功率的激光束来满足日益增加的作战需求。该技术通过相应的调整，能运用于地面作战和海上作战中。

二、电击枪防暴安良

2004 年 3 月 29 日深夜，3 名劫匪手持枪支，闯入了伦敦附近的一个存放金条的仓库，抢走了一些金条、金块，价值约 100 万英镑。他们用枪顶住了一名仓库保管员的头部，并对警察进行威胁。随后警方使用泰瑟枪（电击枪）向其中一人射击，那人中了 4 枪后，晕了过去。警察最终成功地抓捕了 3 名犯罪嫌疑人。

1. 单发泰瑟枪

（1）从科幻到现实。电击枪最早出现在 20 世纪初期的科幻小说中，也有人根据其原理称其为“电休克枪”，属非致命性武器。与普通射击武器类似，只是该枪没有子弹，它是靠发射带电“飞镖”来制服目标的。

（2）一代更比一代强。早期的电击枪首推泰瑟枪，由泰瑟公司出品，于 1994 年 6 月获准在民用市场销售。该枪里面有一个充满氮气的气压弹夹，扣动扳机后，弹夹中的高压氮气迅速释放，将枪膛中的两个电极“飞镖”发射出来，“飞镖”的速度为 60 米/秒，最大射程为 7 米。它可隔着 5 厘米厚的衣服放电，并在 5 秒钟内多次放电，每次持续时间为百万

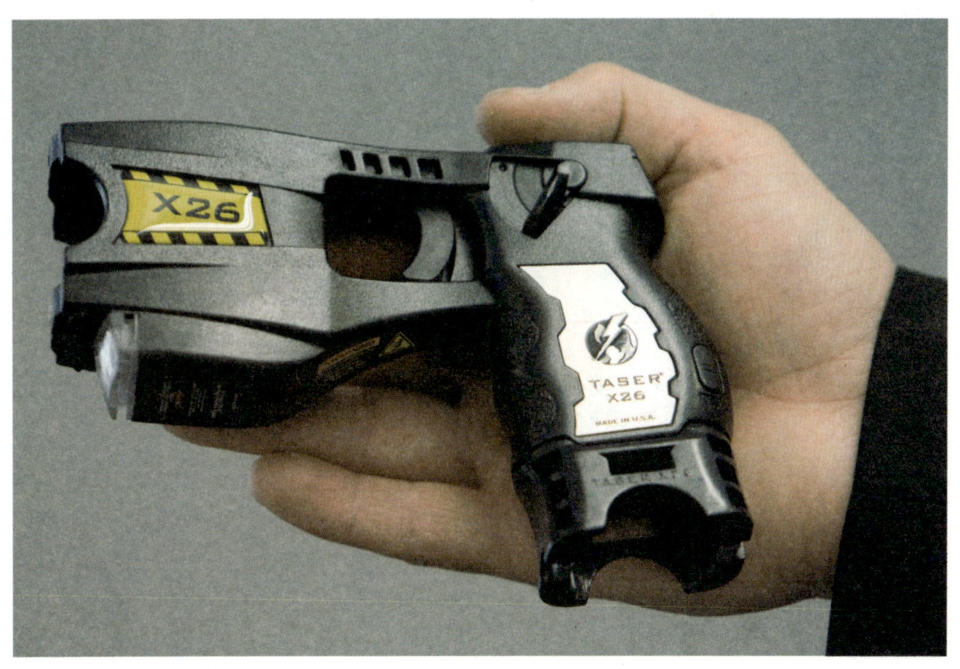

◎泰瑟X26 电击枪

分之一秒。只要高压电流射束接触到目标裸露的皮肤或穿透衣服后，直接作用于人体，就会电击其中枢神经系统，使人剧痛难忍，全身痉挛，暂时瘫痪，失去反抗能力。其优点是让被攻击目标因“电休克”导致神经系统暂时受损而失去作战能力，但不会造成对手死亡和永久性身体创伤。为了防止警察随便开火，泰瑟枪在设计时还增加了记录功能。使用者在扣动扳机后，枪膛后面会弹出许多小纸屑，上面印有枪的序列号，调查人员可通过它们轻而易举地查到枪的主人。此枪内还有一个微型芯片，专门记录每次射击的时间。1995 年第二代泰瑟枪问世，体积和枪重比第一代都减少 50%，增加了电池电平指示器和自动放电计时器。

1999 年第三代产品“泰瑟”M26 问世，其输出功率为 26 瓦，不仅能使被打击的目标晕眩，还能控制人体肌肉，使人在短时间内失去活动能力。因此，又被称为电击致肌肉失能武器。其主要缺点是块头大而笨重，将其挂在腰带上很不舒服。于是，泰瑟公司又研制出了X26 电击枪，它比 M26 的体积和枪重都减少了 60%，并且更高效。

（3）备受青睐。截至 2003 年 5 月，美国已经有 2500 多个警察局购买了泰瑟枪。“9 · 11”事件以后，为维护机舱安全，许多航空公司开始订购泰瑟枪。2003 年，美陆军花费 24 万美元采购了数百支X26 泰瑟电击枪，部署到伊拉克。另外，M18 和M18L两种泰瑟枪还允许私人购买。英国警察也配备了这种武器。

2. 多发泰瑟枪

针对泰瑟枪的缺陷：一次只能发射一发电击弹，发射后必须再次装填，在面对多名犯罪嫌疑人时，显得力不从心，泰瑟公司推出了泰瑟X3 电击枪，能连续发射 3 发电击弹。该枪由枪身、显示 / 监控装置、智能电击弹、增强型电源四大部分构成。它在效力、安全性、应用诊断分析、可靠性以及存储信息量等方面都比以前的产品有了明显提高，它在警察执法和监狱管理中发挥了作用。后来，双弹仓的泰瑟X2 电击枪也投入使用。为了提高电击枪整体的强度和密封性，电击枪采用了军用级一体式枪身，其采用聚合物制成，能够在包括炙热、高湿、水淋、烟雾等最恶劣的气候条件下使用。所有的电路都密封在枪身内，确保其不受外界静电的干扰，从而避免意外击发。

◎泰瑟X2 电击枪

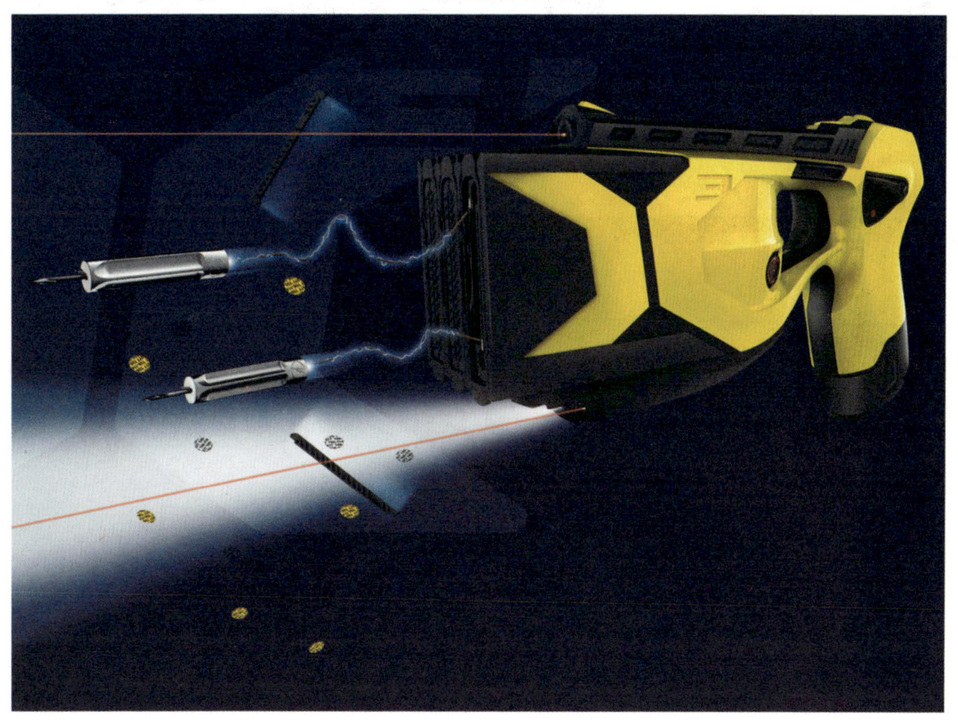

◎泰瑟X3 电击枪

3. 超级泰瑟枪

传统的电击枪由于子弹需要使用导线连接，因此，当目标距离超过六七米时通常无法使用。于是泰瑟公司为电击枪设计了一种威力大却不会致命的无线子弹，不像过去由手枪发射，而是由威力更大的霰弹枪发射，最远可达 30 米，使用 500 伏电击子弹，射出的电极电击时间可持续 20 秒，是之前使用的泰瑟枪的 4 倍。当子弹击中胸口时，其力量之强，足可先将肋骨打碎，子弹随后会对伤处进行电击，其效果是骨折附带 20 秒钟的抽搐。这种改进型泰瑟枪就是超级泰瑟枪（XREP），能够发射 5 枚电击子弹。如果嫌犯试图拔掉钩子，电极会通过嫌犯的手进行第二次电击。

2010 年，国外有媒体报道，英国政府正考虑为本国警察配备这样一种超级泰瑟枪。新枪比普通泰瑟枪贵了 2 倍，高达 1092 英镑。

◎超级泰瑟枪

◎改良型的泰瑟弹

三、声波枪杀人于无形

2017 年 9 月 14 日，美联社披露，美驻古巴外交官疑遭神秘“声波攻击”，21 人身体不适，出现听力损失、恶心、头痛、身体平衡失调、轻度脑外伤等症状，引发了一场美古之间的外交风波。声波武器也引起了世人关注。

1. 超声波炮威力初显

最早想到用声波作大炮的可能是奥地利人。“二战”时奥地利罗发研究所曾研制过超声波炮。超声波武器能利用高能超声波发生器产生高频声波，造成强大的空气压力，使人产生视觉模糊、恶心等生理反应，从而使人战斗力减弱或完全丧失作战能力。当时的超声波炮是一套大型设备，外形根本不像杀人的兵器，其原理也极简单，即：在一个容器内，用电火花把甲烷和氧的混合物点燃，立刻会发生爆炸般的燃烧；在容器内适当地设

◎“二战”中纳粹德国的声学大炮

置两面反光镜，爆炸气体所产生的振动波在两个反光镜之间来回传播，并逐渐增加能量，适时地把振动波发射出去，能使目标受到重大损坏。据超声波炮的研制者介绍，超声波炮能发出 1000MHZ超声波，并能在 40 秒时间内，使 50 米远的人死亡、200 米远的人感到头疼，不久即丧失行动能力。为了充分发挥超声波炮杀人的作用，必须将它置于人群通过的地方。如果将超声波炮安置在山间和荒原上，肯定没有任何意义，最适当的地方是桥上，因为人在过桥时比较集中。即使这样，超声波炮最多只能杀一次人，因为一旦有人被杀死，对方肯定会很快查明原因的。

2. 声波武器悄然出世

（1）声波武器是一把“双刃剑”。次声武器一般由次声发生器、动力装置和控制系统组成。目前，次声武器研制所面临的关键问题是定向聚焦（把次声波发射到所需要地方）、提高强度（达到一定距离内的杀伤效果）、仪器小型化（利于使用）和操作安全。如果不能解决这些问题，则很难将其应用于实战，也无法产生预期的效果，甚至会造成己方人员的伤亡。

◎超声波手枪（15-3 千赫）

（2）大国间的“竞争”。从 20 世纪 60 年代起，世界上的一些大国开始竞相研究次声武器，而且成果显著。1972 年法国国家实验中心的加里亚斯教授制成一台强次声发生器，首次试验就使周围 5 千米以内的人员受到伤害，受害者的内脏器官发生异常剧烈的振动，头脑发胀甚至神志不清。1979 年苏联在秘密进行次声武器的原理性试验时，由于对其威力估计不足，又缺乏良好的防护，造成数名现场人员死亡。在这个有巨大潜在威力的领域，美国更是不甘落后。长期以来，美军一直寻求一种频率可调、能致人死亡的声波武器。

◎定向波（超声波）武器的使用

◎声波武器

（3）美国起跑领先。在 20 世纪 60 年代，美国曾试验用声音杀人。当局诱以重金，让“志愿受试者”站在机场跑道上，然后让喷气式飞机从受试者头顶上掠过，以测定噪声对人体的冲击，受试者无一幸存。据透露，位于亨廷顿比奇的科学应用与研究协会已制造出了一个能使人内脏产生共振的装置，它能使人产生不适和疼痛感，也能对人造成伤害甚至夺人性命。如果用它来防护某一地区，其波束能让入侵者越接近目标就越感到难受。声脉冲对人体的伤害取决于它的能量与攻击目标之间的距离，重者能让人喘不过气来、头痛、休克甚至窒息死亡。另外，声波武器还可整夜地对目标进行强烈干扰，使人彻夜难眠。连续的失眠会导致人无法完成作战任务。

3. 美国声波枪走上战场

（1）尝到“甜头”。在 20 世纪 70 年代，美国警方就开发了用于控制骚乱人群的次声武器，也称使人“僵化”或失去战斗力的次声枪。20 世纪 90 年代，美军专门研制高功率微型次声发生器，并进行了战场模拟试验。试验中发现，声脉冲达到一定强度就能穿越数道墙壁而不被减弱，还能穿越石头、砖头和金属。传统的房屋屏障碰上这种武器就无安全性可言。但被攻击的目标周围如果有一个真空隔离带的话，这类声波武器便英雄无用武之地了。

1995 年波黑战争中，美国曾对波黑塞军阵地秘密进行次声波攻击，几秒钟就使塞军士兵昏倒、呕吐、陷入混乱。在科索沃战争中，美军就曾使用次声波武器向敌方阵地发射次声波，使敌人在几秒钟内昏倒在地或呕吐不止，短时间内丧失了战斗力。

（2）再接再厉。2000 年 10 月，美国海军“科尔号”军舰遭到小船自杀式攻击后，美国研制了远距离定向声波设备（LRAD），可用作声波武器或者声波驱散器。其定向声波传播半径最远可达 3500 米，在这个范围内能发射高清晰的警告、指示和关键信息。设备重从 6.8 千克到 150 千克不等。通过发射多语言的语音命令和警告音，定向声波系统能协助军事、警察执法和安保人员营造更大的安全区域，确定靠近者意图。在对方意图不

◎美军次声波武器

明朗的情况下，有助于以和平方式解决双方冲突，保护声波设备两侧人员的生命安全。截至目前，LRAD已被广泛采用。

（3）不再怕“误伤”。2000 年，美国技术公司的首席执行官伍迪·诺里斯研制一种声波子弹枪装置，它是一个长约 1 米、直径 4 厘米的聚合物管子，里面有一组串联的电磁片，每个电磁片就是一个小扬声器。当位于管子后部的第一个电磁片收到使其声波增大的电子信号后，就沿着管子发送一种压力波——声脉冲。声脉冲准确无误地到达并通过第二个电磁片时，被进一步增强。随着声脉冲沿着管壁不断前进，不断被放大，等它从管口射向目标时，声波强度高达 145 分贝，可让攻击者产生类似偏头痛的感觉，反应严重的人则会被击倒在地。与过去的声波武器不同，其利用窄带超声波具有方向性的特点，将窄带超声波定向发射，而不是向所有方向发散，因而在使用时不会再“误伤”自己和围观者。该武器的研制初衷是，设想让穿便衣的空中警察佩带这种枪，企图劫持客机的恐怖分子被击中后会暂时动弹不得，机组人员可借机将其制服。美国陆军已经订购了这种非致命武器的原型。新型超声波武器用圆柱体包装，既可手持，也可安装在装甲车上。由于超声波可在密闭的狭小区域中穿行，因此超声波武器对制服自杀式人体炸弹和驱逐隐藏在掩蔽所如洞穴里的恐怖分子非常有效。

4. 以色列“喊叫枪”投入使用

以色列过去经常用催泪瓦斯、橡皮子弹甚至真枪实弹对付巴勒斯坦示威者或国内的暴恐活动，常常造成人员伤亡，也因此招致国际社会的批评。为了减轻来自国际社会的巨大压力，以色列研制出专门用来驱散人群的“喊叫枪”，并已通过以色列国防部的检测，进入推广阶段。“喊叫枪”看上去像一个巨大的扩音器，从它的喇叭口可钻进去一个中等身材的人。它能向目标发出很细的声音束，高达 150 分贝，频率为 2000～3000 赫兹，有效范围最远可达 100 米。经医疗人员检验，“喊

◎以色列“喊叫枪”是由雷声发生器改进而来

叫枪”对人确实不会造成身体伤害，但却能使其丧失活动能力或因不堪忍受噪声而散去，它的优点还表现在定向性上，在闹事者头晕目眩之际，旁观者和操作人员却不会受影响。

2004 年 6 月 10 日，部分加沙地带的犹太人定居者以武力抗拒政府要求他们撤离的命令。为了能将他们驱逐回国，又不会伤害他们，以色列安全部队使用了刚刚研发成功的声波武器，最终使所有不愿搬走的定居者都放弃了定居点。这套系统先部署在了约旦河西岸和加沙地带的轻型装甲车上。

四、金属风暴超高射速

（1）横空出世。金属风暴武器系统的出现，是 20 世纪末轻武器领域最具革命意义的突破。1996 年 7—12 月，金属风暴技术在美国洛克希德·马丁武器系统公司完成了测试实验和验证。1997 年 6 月，澳大利亚的金属风暴手枪在美国战略协会轻武器年会上一经亮相，便在轻武器业界掀起了一场强劲的“金属风暴”。该枪是由澳大利亚人迈克·奥德怀尔发明的尖端武器。

（2）乌贼激发的灵感。迈克·奥德怀尔是枪械爱好者，早期就曾利用业余时间，研究试验多种机械办法来提高手枪的射速，但都不理想。他心情不快，便去国家水族馆散心。观赏中，一只乌贼遇险喷墨逃生的现象激发了他的灵感。乌贼体内有个贮满了浓黑墨汁的墨囊，每当它突遇强敌时，体内压力瞬间陡升，接着立刻“击发”，喷出一股浓墨，把周围海水染得漆黑一片，并趁对方惊慌失措之机溜之大吉。乌贼的高压连续“发射”方式给他很大启迪。他决定用新的思路破解难题。

（3）另辟蹊径。迈克·奥德怀尔发明了世界上第一支电子脉冲点火击发枪，从根本上扬弃了传统的机械操作和子弹装填机制，采用多管发射和电脉冲点火技术发射小粒弹丸，弹丸长约 20 毫米，是普通子弹的一半或更小，因此一支枪管容纳子弹的数量大大增加。他将一定数量的弹丸装在枪管中，弹丸与弹丸之间用发射药隔开，弹丸在前，发射药在后，依次在枪管中串联排列；枪管中对应每节发射药都设置有电子脉冲点火节点，电子控制处理器用来控制各个枪管的发射顺序及每节发射药的点火间隔。发射时，通过电子控制处理器控制设置在枪管中的电子脉冲点火节点，可靠地点燃最前面一发弹的发射药，发射药燃烧后产生的火药燃气压力推动弹丸沿枪管加速运动飞出枪口。在火药燃气压力作用下，紧接着的一发弹丸一端膨胀，锁住枪管，以立即承受作用于弹丸前部的高压燃气。它不会导致高压、高温的火药燃气无端泄漏而点燃次一发弹的发射药，也不会引起弹丸圆柱部的坍塌。前一发弹丸离开枪管后，后一发弹的发射药即可点火，这样可使膛内压力迅速降到合适的水平，不致影响后续弹丸的发射。由此，每发弹丸按照顺序从枪管中发射出去。

（4）超高射速。电脉冲发射技术能使枪弹发射速度提高几百倍。与传统的机械式发射系统相比，其发射系统没有传统的机械操作部件，主要由装有弹药的枪管、电子脉冲点火节点、电子控制处理器等组成。主要原理是在单个枪管内串联放置多个弹头，通过电子脉冲点火，连续不断地将弹丸从枪管内“推”出。整个发射过程全部由电子电路控制，因此这种武器没有单独的弹夹和退壳装置，射速大大提高。其单管发射速率由 2200 发/分提高到 4.5 万发/分。在试验中，一种多管金属风暴演示系统在短短 40 毫秒内发射

◎安装在“魔爪”无人地面车上的4管金属风暴40毫米武器系统

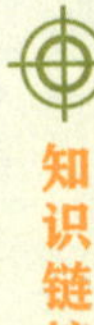

知识链接

口径大小之争

“二战”后，西方国家发生了一场长达 10 年之久的“步枪大论战”。其焦点在于是否用小口径弹取代大口径弹。其实在枪械设计中，一方面，希望增加射击精度、射程、杀伤威力、便携性、易操作性；另一方面，希望减少枪弹重、枪械类型、子弹类型、训练时间、保养时间，这个矛盾一直存在。通常子弹重减轻，射程和穿透力就会减小，除非用增加子弹的初速来弥补。美军研究表明，用高射速、小口径的轻弹头代替 7.62 毫米大威力弹，可提高杀伤效果，同时经济性更好；采用多枚弹头组成的“齐射”发射方式，可构成规则散布，抵消瞄准误差，提高命中概率；尽管有效射程减小为 400 米，但由于步枪交战 95%以上都发生在 400 米之内，因此，使用小

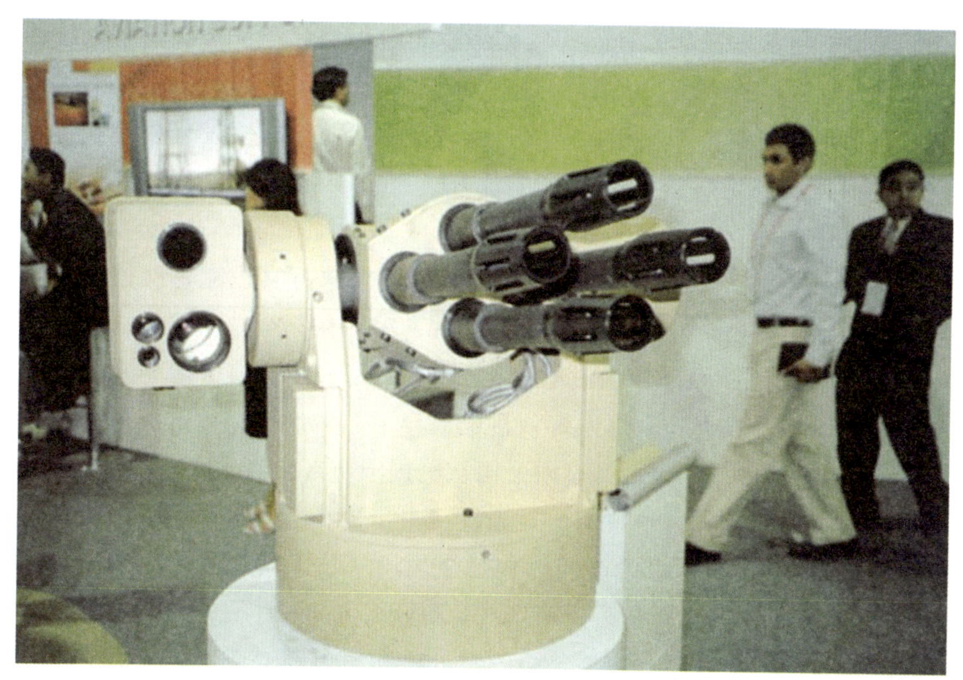

◎“赤背蜘蛛”金属风暴遥控武器系统

出 180 颗子弹，将一扇门打得稀烂，观众却仿佛只听到一声枪响。专家们惊叹它的射速，称之为“金属风暴”。

（5）主要特点。采用金属风暴技术的武器没有任何活动的零件，没有单独的弹匣，不需要装弹和排弹，也不需要退壳装置。工作时，唯一的动作就是射出弹丸，一切控制完全依靠电子电路。

这是一项全新的发射技术，与传统的武器系统相比，具有六项核心技术优势：①超高射速、多管齐射形成的超高精度弹幕带来的超强威力；②多口径、多弹种使用同一武器同时发射，实现不同威力的多重功效；③全电

口径弹能满足实战要求；更大的好处是枪变轻了，瞄准更容易，发射的后坐力也小了，携弹量可相应增加。显然使用小口径弹更可取。美国枪械设计师斯通纳研制出 5.56 毫米口径的M16，经过越南战场的洗礼和改进，赢得士兵的喜爱。到 1971 年底，美所有部队都换装了 M16A1。1984 年，M16A1 经改进后被命名为M16A2。迄今为止，M16 步枪总产量在 1000 万支以上，遍布 80 多个国家，被誉为是当今世界上最优秀的步枪之一。斯通纳也成为与卡拉什尼科夫齐名的世界“枪王”。M16A1 出名后，在全球刮起了枪械小口径旋风，其他国家纷纷效法，发展小口径枪械成为世界潮流。

子化射击，使武器反应快速、可遥控操作，且更容易与火控和信息系统结合；④没有机械运动部件，结构简单、动作可靠；⑤在短时间内发射大量弹丸，利用累积效应产生超强威力；⑥可单发再装填、多发堆栈弹丸再装填。这些特点决定了新式武器可靠性好，仅需要极低的维护、极低的能耗、极少的后勤。

（6）广受关注。金属风暴公司总裁兼首席执行官迈克·奥德怀尔发明了电子脉冲点火击发技术并申请专利后，一向在军事技术领域自命不凡的美国也对其刮目相看，最后竟连已研制多年、耗资 110 亿美元、接近成功的“十字军战士”火炮系统项目也放弃了，转而采用“金属风暴”技术。2000 年 3 月，金属风暴有限公司从美国国防部拿到了 1025 万美元的资金，用于利用金属风暴技术研发先进狙击步枪；与美国国防高级研究计划局（DARPA）所签订的合同还包括金属风暴技术其他潜在应用的选择权。2001 年 5 月，金属风暴公司从澳大利亚军方获得了先进单兵战斗武器（AICW）的研发资金。加之公司股票上市和澳大利亚政府的大力支持，公司获得了大笔资金以研究和发展金属风暴技术。无论是把单管或多管金属风暴装置通过导轨装到现行的武器上，还是把现行的光学瞄具和火控系统装到金属风暴武器系统上，都是超越传统的。

1. Vle手枪

Vle手枪装备有一种异频雷达收发机，该机上安装有一种电子枪栓系统。当手枪开始射击时，枪栓电子系统将显示正在进行的是何种发射机制。握把里装有三套电子装置，第一套用于控制手枪的射击操作，第二套用于给使用者提供具有听得见的、电子化的射击设置确认功能，第三套用来管理和限制武器使用准许。Vle手枪单管型号内装 7 发子弹，扣一次扳机即可7发全打出，也可发射 1 发、2 发、3 发等。全发射完后再更换子弹梭（7发）。在试验时，它在 1/500 秒内连射 3 发，相当于每分钟 9 万发。该枪还是一种“智能手枪”，可把使用者的个性化信息作为保险开关，例如指纹、声音识别等。电子系统限定一支手枪只能有唯一的授权者使用，当两个密码匹配时，在几毫秒内键控系统就可激活手枪，即使枪支被歹徒夺取后也无法使用。除此之外，该枪还安装了

◎金属风暴多管Vle手枪

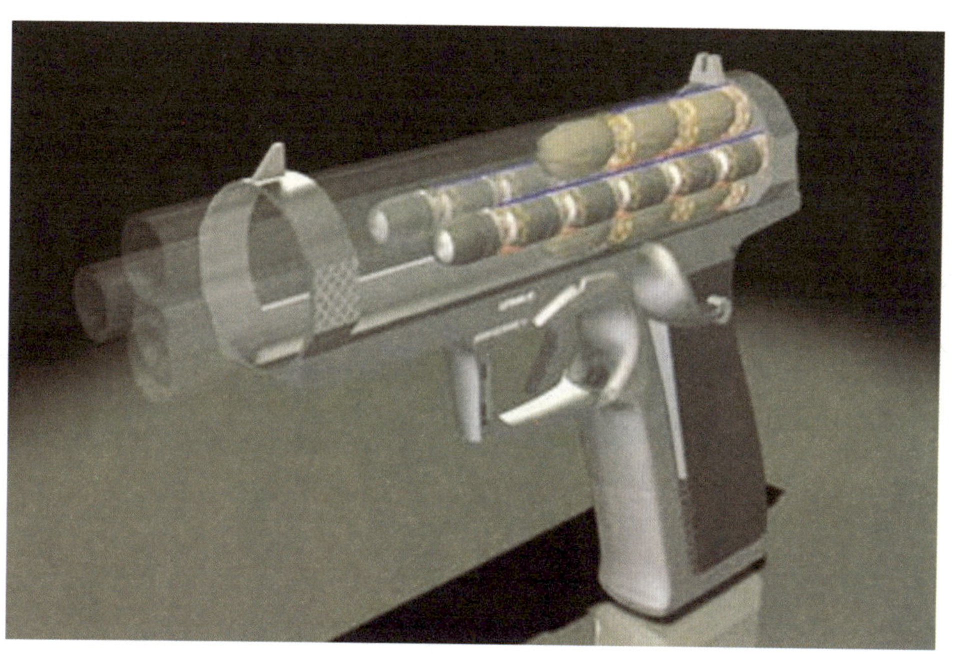

◎金属风暴新型三管Vle手枪发射原理示意图

一套“语音确认系统”，它可用语音的形式提醒使用者打开密锁、选择射击模式以及回到保险状态，让使用者对武器状态更加了解。在执行偷袭任务时，使用者可关掉这套系统。金属风暴公司还准备开发一种多管 24 发子弹的高威力手枪，这种枪有“致命射击”和“非致命射击”两种模式，让使用者可选择是干掉目标还是留“活口”。

2.3 发装半自动榴弹发射器（3GL）

半自动榴弹发射器是一种模块化组件，既可作为枪挂榴弹发射器安装在突击步枪下方，可使步兵班的面杀伤火力提高 2 倍；也可从步枪上取下单独使用，免得士兵携带专用榴弹发射器；还可综合成多管榴弹发射器，显著提高步兵班火力。该发射器可装填不同类型弹药，如榴弹、空爆弹和非致命弹药等，通过单发装填的方式装满 3 发弹。它采用人机工效好的握把和用户接口，紧凑型采用短小型手枪握把和隐藏式LED指示器代替屏幕显示，现已完成了一系列鉴定射击试验。

◎金属风暴之 3 发装半自动榴弹发射器（3GL）

3. 12号多发枪挂发射器（MAUL）

12号多发枪挂发射器（MAUL）是一种18毫米超轻型4发装枪挂发射器，采用碳纤维和钢制成，重约1.25千克，是目前最轻的多发枪挂霰弹枪，可加挂在M4和M16突击步枪枪管下方，发射致命和非致命弹药，具有很强的杀伤力和作战效能。该发射器采用普通的军用锂电池供电，单节锂电池能用几个月。由于它没有常规机械运动部件，可靠性比其他12号霰弹枪高，并能够在多种气候条件下使用。金属风暴公司计划完成MAUL的研制工作后，还将与美国战地指挥官协商，明确任务需求、今后作战应用的领域等，使其能够在战场发挥作用。

◎金属风暴之12号多发枪挂发射器（MAUL）

4.“赤背蜘蛛”武器系统

在2006年新加坡亚洲航空展上首次展出了澳大利亚、美国、新加坡联合研制的装载金属风暴武器系统的“赤背蜘蛛”。该系统可发射堆栈弹丸，现已投入批量生产、即将走上战场。这是一种轻型可遥控操作武器系统，主要用于车辆防护、护航防御、周界控制和区域防御，还可供特种作战部队使用，提供短时间的猛烈直射火力。它由安装在万向架上的40毫米4管金属风暴系统组成，每根发射管内可装填不同类型的弹药，包括榴弹、空爆弹和非致命弹等。系统重70千克，可安装在卡车和装甲车车顶上，其控制和伺服系统使其能够对付多种威胁，包括来袭导弹和炮弹，它还具有网络化作战能力，多个系统能够协同对付大型目标。

“赤背蜘蛛”武器系统的研制工作在 2008 年 3 月底就已接近完成，美国光电系统公司从 2009 年开始生产新型“赤背蜘蛛”武器系统。除此之外，金属风暴武器系统现已安装在包括“蜻蜓”旋翼无人机、“魔爪”无人地面车等多种机器人平台上并进行了实弹射击试验。

5. “爆炸风暴”武器系统

该系统基于军用机器人平台，有 4 根发射管，每根发射管内有 4 发

◎ “赤背蜘蛛”金属风暴遥控武器系统

知识链接

积木玩具与斯通纳枪族

美国枪械设计师斯通纳发现步枪、机枪、冲锋枪互换使用很不方便，就一直琢磨解决办法。有一天在街头漫步时，注意到路边一群孩子正在玩着积木。看着用积木搭成的五花八门的建筑物和各式各样的交通工具，斯通纳想，既然形状简单的积木块可以构筑丰富多彩的世界，能不能用枪的基本部件，如枪扳机、枪管、枪托等组合成不同种类的枪呢？这次偶发的灵感激起了斯通纳设计积木式组合枪的欲望。1963 年，斯通纳研制成功了积木式组合枪族。其原理是将部件分为两类：一类是各种枪通用的部件，如枪机、机匣、发射机构等，另一类为专用或部分共用的部件，如枪管、枪托、瞄准具等。以通用部件换上不同的专用或部分共用部件，就可组合成自动

◎“赤背蜘蛛”武器系统

榴弹。系统利用电动机驱动系统回转和俯仰，机器人平台利用履带差速转向，利用“鳍状臂”结构实现攀爬。更简单的结构是采用 16 管 40 毫米单发榴弹发射器安装在机器人平台上，发射M203 配用的榴弹或相似榴弹，利用履带运动实现瞄准。该系统可执行各种支援作战任务，如城区作战、侦察巡逻、边境巡逻、重要基础设施防护和骚乱人群控制，现已按照军方要求完成了射击演示试验。试验结果表明，“爆炸风暴”武器系统能够发射 40 毫米榴弹和各种致命弹药。

步枪、冲锋枪、弹匣供弹轻机枪、弹链供弹机枪、车载机枪、带三脚架的中型机枪 6 种枪。该枪族结构简单，分解结合方便，使用同一口径弹药，战斗适应能力强，被称为“斯通纳枪族”。其奇妙之处在于使不同种类的枪械优势互补，便于生产、维修和补给，也便于操作和训练，并能根据需要在几分钟内快速组装，改变枪的战斗性能。因此，枪族化非常符合枪械的发展方向。在1966年美国的一次武器展览会上，斯通纳枪族首次亮相即引起了轰动，从而开创了现代枪械枪族化的新纪元。

五、电磁枪反无人机

未来战场上无人机将大显身手。于是，反无人机武器应运而生。尽管对付现代战场像蚂蚁一样多的小型无人机有很多技术手段和装备，如大网、机枪、机炮、导弹、激光，但其中最便宜、高效的就是反无人机电磁枪。它通过“枪管”前端装有的一个发射天线发射电磁波，定向干扰导航与遥控信号，切断无人机与控制器间的信号通道，让无人机失去控制甚至直接坠毁。目前这种新型枪械已经流行起来，不用消耗弹药，只需要一块电池就可轻松射击数十次，相当方便实惠。

1. 俄罗斯REX-1 电磁枪

（1）初试锋芒。2018 年 9 月，叙利亚反政府武装使用大批小型无人机围攻赫梅米姆空军基地。俄军从国内调来包括REX-1 电磁枪在内的反无人机武器应战，将多架敌机的雷达、导航等电子设备烧穿，创造了 1 周内击落近 50 架来袭无人机的纪录。

（2）本领高强。俄武器制造商卡拉什尼科夫集团公司研制的俄罗斯首批反无人机的REX-1 电磁枪，被媒体认为是俄在利用高科技防范小型无人机袭击方面取得的最大成就，目前已装备俄军步兵和特种作战部队。它可通过抑制移动通信信号和阻断无线通信来捕获或者是控制无人机。该枪能屏蔽全球最常见的无人机控制和传输频段。此外，它配备有可互换的电磁和红外组件，专门针对全球移动通信系统（GSM）、全球定位系统（GPS）、“格洛纳斯”和“伽利略”等导航系统发射相应干扰或压制射

知识链接

枪“炮”合一的诱惑

“二战”及后来的局部战争表明，战场上大量的装甲目标和工事要求步兵班的武器不仅能杀伤敌人，而且还能对付坦克、步兵战车及地面目标。其实，早就有人提出来单兵轻兵器应点面杀伤相结合。枪炮本是同根生，经过长期分离后，枪又在新技术的推动下兼有炮的某些功能，枪“炮”合一。具体办法是将榴弹发射器加挂在枪管的下方，如美军将M203 榴弹发射器挂装在M16A1 枪管下方，用以发射 40 毫米榴弹，可平射，也可曲射，射程达 400 米，具有破甲与面杀伤的战斗能力，能击毁轻型装甲目标，成为步兵手中的“小炮”。

◎俄罗斯反无人机 REX-1 电磁枪

线。如有需要，操作者在几秒钟内就能完成枪管和组件的更换，就像给步枪换子弹一样方便。该枪不仅能压制无人机，还能对付遥控爆炸装置，用电磁枪切断所有外部信号，让工兵获得时间进入行动地点并彻底排除威胁。此外，该枪还能切断所有Wi-Fi、3G、LTE信号和 1000 米范围内肉眼看不到的任何电磁波。

（3）结构特点。该枪前面是天线，发射无线电波；后面是普通的枪身，有个小握把和扳机，枪身上面是一个瞄准具。这款武器需要精确瞄准，否则能量不够，难以击落无人机。该枪使用电池供电，一块电池足够连续射击几十次。电量耗尽后可用家用电源进行充电，只需 4 小时就能充

枪口装置

它是安装在枪口部、与喷出枪口的火药燃气相互作用，用以改善枪械射击性能的装置。一个小小的枪口装置，奇妙之处在于，会大幅度提高枪械的性能。常见的枪口装置有：①枪口制退器，主要作用是减小射击时自枪口高速射击的弹头和火药燃气的反作用力造成的枪身后坐。②枪口助推器，用于增加枪管后坐式自动枪械的枪管后坐速度，以提高自动机和动作可靠性。③枪口防跳器，又称枪口稳定器或枪口减震器，用于抑制射击时枪械跳动。④枪口消焰器，用于减少射击时枪口火焰。⑤枪口消音器，用于减弱枪口气流噪声。⑥枪口引射器，用于加快枪管空气冷却。枪口装置常可兼具几种功能。

满。如果想连续作战，只需要准备 2 块以上的电池交替使用就可以了。该枪也有改装用于民用市场的，但会去掉一些特定部件。比如民用版将不会有 GPS 信号屏蔽装置。该枪民用版价格估计在 5000 美元左右。

2. 美国巴特尔“无人机防御者”步枪

（1）悄然出世。2015 年 10 月，美国巴特尔（Battelle）国家安全研究与发展公司研发出一款代号“无人机防御者”的轻便反无人机电磁枪，结构类似于端部带有天线的步枪，能够在 400 米距离上发射电磁波，通过电子干扰方式直接切断无人机信号，“击落”无人机。

（2）操作简单。该枪可像步枪一样瞄准，可与电池组连接，提供持久防护能力，其前端装有一根白色鱼骨状天线，通过发射电磁波，定向干扰GPS与遥控信号，切断无人机与控制器间的信号通道，令飞行目标降落。每一发“子弹”以点射的形式发出，启动时间不到 0.1 秒，可持续工作 5 个小时。该枪重约 6.8 千克甚至更轻，操作简单，一个人就可操作。当使用者发现无人机时，只需要瞄准无人机扣动扳机就行了。该枪既不会对无人机造成损害，也不会对周边人员造成附带伤害，因此非常适合民用。尽管有效射程仅为 400 米，但应对常见的 4 轴或 6 轴飞行器已足够，如果这款“狙击枪”军用化，将能提升到 1000 米的有效射程，足以防范

◎美国“无人机防御者”

◎测试中的美国“无人机防御者”

现役手抛式无人机。2016 年 5 月，巴特尔公司透露，已对其“无人机防御者”系统进行升级，系统可即时破坏无人机的射频或GPS导航信号，迫使其降落。用户可选择具体干扰哪个信号，也可干扰多个信号使多架无人机迫降，从而使政府可回收无人机平台，并了解其所携带的传感器以及判断其有意还是无意进入某空域。

（3）走向战场。到 2016 年 5 月，美国国防和国土安全部门已经订购了约 100 套“无人机防御者”系统。由于伊拉克和叙利亚的“伊斯兰国”组织利用无人机在战区执行侦察和攻击任务，2017 年 4 月，驻扎在科威特的美国陆军开始训练使用反人机系统。

3. 俄罗斯“掩体”反无人机系统

（1）外形科幻。2017 年 7 月，俄罗斯在国际创新工业展上展示了轻航空器设计局研发的“掩体”反无人机系统，看上去是一款具有科幻外形的高频辐射枪。总统普京一开始并不了解研发这种武器的意义，看了用它

◎俄罗斯“掩体”反无人机系统

摧毁四轴飞行器的展示后高度赞扬。

（2）原理简单。据轻航空器设计局首席设计师亚历山大·克拉斯雅恩斯基介绍，设计这款枪是为了让进入无人机禁飞区的无人机着陆，该设计局用半年时间制造了3支原型枪，并将其命名为“掩体”。它采用了电磁和光电同时控制的原理，只要对准无人机就能进行操作，可对500米范围内多款无人机的导航和控制信号进行干扰，中断与无人机操作者的联系。这款干扰器上面有个瞄准镜，可以迅速地帮助人找到天上飞行的无人机，以便快速地使用激光破坏摄像头，让无人机无法侦查，失去了“眼睛”的无人机与盲人无区别。该枪在枪身前端配置了2个外观相同的干扰发射天线，增加了天线罩，用来对无人机的遥控频点进行压制式干扰，从而切断无人机操纵人员对无人机的控制，实现反制无人机的目的。

（3）优点突出。其优点是将发射天线、功率放大器、干扰信号源、变频模块以及电池全部集成在枪体之中，总重控制在4千克以内，方便携带和使用。同时，这种全封闭式的枪体设计大大增加了该枪的环境适应性，可克服雨雪天气，实现全天候工作。此外，该枪在外形以及配重上充分考虑了人体工程学要求，外形“霸气”、极具威慑力，操作舒适度却很高，其市场价格为 8 万卢布。

4. 美国“赛博步枪”

2016 年 3 月 23 日，美国陆军在西点军校向时任国防部部长的阿什顿·卡特演示了用“赛博步枪”击落一架无人机。该枪正式名称是“具有赛博能力的步枪”，它由一个发射天线、Wi-Fi无线电发射器和廉价的“树莓派”电脑组成。演示针对“鹦鹉”四轴旋翼无人机已知的一个弱点，通过让无人机关闭其功能从而导致其坠毁。该步枪也可用于其他频段的无人机。据推测，该装备主要用于反无人机领域，能够通过电子攻击、赛博攻击等手段在一定距离上“击落”无人机。专家表示，经过技术改进后，该步枪的作用距离有望达到 1.5 千米，这种距离足以支撑多种战术作战。该步枪造价仅为 150 美元，远比其他商用无人机和反无人机武器便宜，而且 10 小时内就可组装完成，使用时仅需电力，无须任何弹药。赛博步枪由于灵活性高、成本低、隐蔽性好

◎美国国防部官员听取“赛博步枪”情况介绍

◎西点军校的陆军赛博官员展示“赛博步枪”

等特点，非常适合大量装备部队。

5. 英国反无人机步枪

2015 年，英国宣布研发出新一代“无人机杀手”。在 10 月份美国拉斯维加斯举办的商业无人机博览会上，这种反无人机防御系统首露真容。该系统有“死亡射线”之称，可利用无线电波干扰甚至击落最远1.6 千米外的无人机，以阻止其从事监视、袭击等恶意行为。这一系统由 3 家英国公司共同研发，它们分别负责雷达、视频追踪器和“枪筒”部分的研发工作。据透露，这一系统的雷达部分可在任何天气情况下探测到无人机，而后视频追踪器可锁定并持续追踪其动向，最终交由“枪筒”发射无线电波干扰无人机的遥控信道，阻止其执行任务甚至将其击落。

◎英国反无人机步枪

6. 澳大利亚反无人机枪（Drone Gun）

（1）外观前卫威力大。2016年，澳大利亚DroneShield公司研发了一种反无人机枪（Drone Gun），外观比较前卫威猛，上面还有一个瞄准镜，并且内置了GPS和GLONASS接收芯片，能让用户更精准地驱赶无人机。该枪有一个枪形发射器与一个背包，只需一人操作，无须手动设置或技术培训。该枪重达 6 千克，发射 2.4～5.8 千兆赫干扰频段，有效作用范围是 2000 米，高度为 400 米，电池只能持续使用 2 小时。

（2）作用方式简单粗暴。该枪的作用方式很简单，是通过轻巧的电池和背包发射干扰信号，干扰无人机与遥控器的正常通讯，阻止视频传回到无人机操作员，以及无人机接收GPS和Glonass的导航定位信号，从操作员手中夺走对无人机的控制权，触发无人机的失控应急降落程序，以实现非接触的有效捕获，将无人机安全地降落在地面，阻止无人机飞行到目标区。它

◎澳大利亚反无人机枪（Drone Gun）

将剥夺操作员重获控制无人机的任何机会。它利用一些特殊的算法让无人机自行垂直降落或者返回出发点，也能安全地将爆炸无人机操纵到远离目标区域，而不会损坏敏感目标或周围环境。它还能对无人机操纵者进行精确定位，对于反恐来说非常有用。此外，由于该枪在“击落”过程中并不损害无人机机体本身，只要重新与控制器建立起连接信号，就能重新起飞。2018 年，某中东国家的国防部花费 320 万美元订购了 70 支这种枪。

（3）改进升级效果佳。由于这款枪太大太重，不便于携带，它的改进型则更注重灵活性和便携性，作用距离 1～2 千米；不足是重心过于靠前。

知识链接

不用钢和木材的枪

几百年来，枪械都是用钢铁和木材制造的。随着材料科学和技术的进步，人们在枪械制造中用塑料材料代替木材，用铝合金材料代替钢铁，如奥地利格洛克 17 手枪就是一个典型。格洛克 17 全枪 37 个零件中，有 16 个采用了塑料件，如套筒座、弹匣体、发射机座等，不仅枪身轻，而且造型美观、造价低，便于维修（只要更换零件即可），结实耐用，经过 10 吨重军用卡车碾压过后，没有丝毫损坏，拿起来仍然可立即射击。该枪适用于各种恶劣的环境，性能可靠，经过诸如冰冻，风沙，浸入河水、海水、烂泥等环境试验后，拿起来就可射击。它还能在水中

◎Drone Gun MKⅢ反无人机电磁枪

2019 年，该公司新推出了Drone Gun MKⅢ，它是一种便携式手枪形状的无人机干扰器，在原先电磁枪基础上成功实现了小型化，仅 1.95 千克，尺寸小巧，可随身携带，外观科幻感十足。不过作用距离只有 500 米，虽然对于城市内使用已经绰绰有余。战斗使用时长为 1 小时，待机时间为 8 小时。该枪优点是能够同时中断多个射频频段（433MHz、915MHz、2.4GHz 和 5.8GHz），还具有选定导航信号中断能力。

射击，可供蛙人在水下应急使用。由于握柄是塑料的，在一些寒冷地区的冬季，即使不戴手套，也可安全使用。有趣的是，早期的格洛克 17 手枪在通过海关和机场等处的安全检验时，不易被发现。后来，制造厂家不得不将显影剂混入塑料中，以便于安检识别。目前已有 60 多个国家的军队和警察部门采用格洛克 17 手枪。

六、智能枪信息主导

随着信息技术的迅猛发展及其在军事领域的深度运用，直接与计算机、传感器、通信和激光等技术结合起来的智能枪和制导子弹，极大地简化了操作和瞄准过程，显著地提高了命中精度，使士兵人人都可能成为梦寐以求的神枪手。枪械领域的智能化时代悄然来临。

1. 只认主人的智能枪

（1）现实需要智能枪。20世纪90年代，美国警方发现，当地黑帮的枪支有超过一半来自偷盗，同时，少年儿童偷玩家庭其他成员枪支造成走火伤人的事件也日渐增多。因此，美国政府尝试鼓励枪械制造商和设计人员使用电子或生物技术开发智能枪，以确保枪支只能由授权人员使用，其他人即便拿到了枪也无法使用。于是，智能枪开始受到关注。

2014 年，17 岁的美国天才凯·克罗普费尔获得了智能技术挑战基金会的资助，将生物识别验证技术用于枪支，研制出了具有实弹射击功能的

◎只认主人的智能枪

智能手枪原型。虽然这支原型枪是塑料的，还不完善，但是可正常工作，而且只有它的主人才能使用。他凭借这项发明，赢得了“英特尔国际科学与工程大奖赛”的冠军，并收获 5 万美元奖金。随后他成立了Biofire科技公司，立志让这项技术帮助美国减少意外导致的死亡和伤害。这款枪会为每位合法的使用者创建用户ID和指纹认证，想用这把枪就必须通过指纹先解锁。所有的用户数据都只是保存在枪里，数据不会上传，而且本地数据也进行了加密处理，即使黑客拿到了枪，也难以破解用户信息，因而还是不能使用这支枪。

与过去的智能枪相比，这支原型枪操作非常简单，只要你会开枪，会为苹果手机解锁，就会使用它。当你拿起这款智能枪时，它将从低功率模式中被唤醒，并激活微处理器和传感器，识别你的指纹大约需要 1.5 秒，软件升级后还可将时间缩短至 0.5 秒。假设你的指纹匹配，枪柄内的电路会解开内部的扳机锁。只要你的手指仍然放在扳机上，该枪就准备射击了。

（2）智能手枪iP9。这款 9 毫米口径半自动手枪的最大特点就是加入了指纹识别模块，只有录入过指纹的用户才能用这支枪，击发之前，需

◎德国智能手枪 iP9

要识别持枪者是否合法，如果合法，那么准星会变绿，同时扳机也将可扣动。反之，准星会变红，且扳机被锁死。另外，该智能手枪枪柄上的传感器还有一种功能，它能够记录主人第一次使用该手枪扣动扳机那一瞬间，枪柄和扳机所承受力量的大小。所以，这两种自动识别系统就能够确保手枪只能由合法主人使用，其他人拿到枪也用不了。不过这款智能手枪的售价预计达 1365 美元，比普通手枪贵 2 倍以上。不过生产该枪的公司认为“一分价钱一分货”，智能手枪物有所值。

◎美国Armatix iP1 智能手枪

知识链接

低杀伤性震晕弹

奇枪并不都是奇在枪上，有的仅仅奇在弹上，如美国MDM集团公司成功研制的震晕弹。其作用方式与泰瑟枪技术相似，撞击目标时产生电击效应，但原理与泰瑟枪不同，它利用的是压电效应。这是法国物理学家皮埃尔·居里（居里夫人的丈夫）和他哥哥在 1880 年发现的现象：某些晶体在沿一定方向上受到外力的作用而变形时，便会产生电压（电位差），外力越大，电压越大；当外力去掉后，电压消失。这一原理似乎很神秘，但在生活中应用得很普遍。当你在点燃煤气灶或热水器时，施加在按钮或旋钮上的力通过传动装置把力施加在压电陶瓷上，使它产生

2. 世界首款精确引导步枪

（1）打猎“打”出的愿望。2013 年，美国跟踪瞄准点（Tracking Point）公司推出了配备新型光学瞄准具和火控系统的狙击步枪，被称为“世界首款精确引导步枪”（简称“傻瓜狙击步枪”）。该公司于 2011 年由约翰·麦克黑尔创立。他在创业之前去了一趟非洲游猎，有一次没有击中远距离的猎物，他回国后对此事一直耿耿于怀。因此他的公司一成立，就决心造出一支让没有经过训练或没有实际经验的枪手都能百发百中的步枪。

◎美国Tracking Point公司推出AR半自动智能步枪

很高的电压，进而将电能引向燃气的出口放电，于是，燃气就被电火花点燃了。震晕弹子弹利用压电效应会产生高达 50000 伏的电压，能破坏目标的神经系统，破坏性效应是暂时性的，可能使目标瞬间失能。另一个与泰瑟枪的不同点是，震晕弹可用现有的制式武器发射使用，无须像泰瑟枪使用电容或电池。与目前可利用的非致命和低杀伤性武器及弹药相比，震晕弹具有通用性好、效能高且应用广泛等特点，在执法、军事行动、反恐维稳和应急处突方面有更广阔的应用前景。震晕弹最突出的优点是射程远，能使 100 米远处的目标失能，而常规的橡皮子弹的最大有效作用距离约 40 米。

他为此聘请了众多优秀人才，组成了强大的设计研发团队，包括军事专家和四十多位工程师，终于研制出了这款枪。

（2）结构与性能。该枪配备了微型电脑、数字瞄准镜（一个显示屏），集成电路板被安装在步枪的瞄准镜内部，里面有一个激光测距仪、多个陀螺仪、一个加速度计和一个磁力计。其镜头可最小化震动，并消除温度对瞄准偏差的影响，射手会在一个LCD屏幕上瞄准，这部分连接到一个定制的触发系统，这个系统会在扳机护环上安装一个目标指定按钮和缩放按钮。枪手使用步枪扳机上的小按钮来指定目标，这个目标的最高移动速度是 48 千米/时。在确定目标之后，瞄准镜当中的Linux系统会计算出击中目标需要考虑的变量。该枪能击中裸眼几乎无法看到的目标。

（3）新式瞄具。该枪最大的亮点在于完全摆脱机械瞄具或光学瞄具，直接通过摄像头拍摄目标所在区域，然后将图像显示在电子瞄准窗口当中，射手只需要在画面中找到目标并做标记就算“瞄准”了，同时系统携带的传感器会将环境温度、湿度、风偏等信息记录下来，计算机依据目标距离和速度、风速、温度、气压、侧倾度和枪管温度，甚至地球的引力、自转等参数，自动解算弹道、枪管与目标的相对位置等，精确分析测算确定射击的方式与时间，几乎消除了手动失误或恶劣条件带来的误差，然后射手只需将用来标记目标的红点与瞄准窗口中的蓝色十字分划的中心

◎美国Tracking Point公司推出AR半自动智能步枪

对齐，一旦这个蓝色的十字分划全部变成红色就可扣动扳机了。枪手可选择手动或者自动射击，整个处理过程用时在 1 秒以内。这款智能枪造价达 27000 美元。目前美军已采购了 6 支试用。

（4）像打游戏一样瞄准射击。这款智能步枪还配备了Wi-Fi天线，使用者可实时收集弹道数据。更“牛”的是，哪怕是从来没有用过步枪的人也能在最远 1200 码（约合 1097 米）的距离上几乎 100%击中目标。美国一位从未接受过射击训练、仅经过了教练简单指导的 12 岁女中学生，使用该枪射击，分别准确命中了 200 米、500 米、750 米和 1000 米外的目标，成为“百发百中”的神射手。枪手还可利用智能手机传送密码或识别码，从而激活步枪的自动瞄准系统。

（5）好货真的很贵。据介绍，该公司推出的精确引导步枪有 3 种型号，分别是XS1、XS2 和XS3。其中，XS1 射程约 1097 米，售价为 2.75 万美元；XS2 射程约 914 米，售价 2.5 万美元，这两款枪口径均是 7.62 毫米；XS3 射程约 686 米，口径 8.58 毫米，售价为 2.5 万美元。

3. 美国研制使用智能（制导）子弹的狙击枪

为了提高枪的命中率，从而大幅降低弹药消耗量，美国研发了至少两种“高精度智能子弹”。一种由美国国防先进研究计划局（DARPA）投资，由洛克希德·马丁与泰莱达因科学与成像公司研制，项目为“超高精度任务弹药”（EXACTO）；另一种则由美国桑迪亚国家实验室研制，可简单地理解为“坦克炮激光制导炮射导弹”的缩小版。

（1）子弹追着目标飞。早在 2008 年，美国就拨款 2200 万美元用于EXACTO项目，目的在于更远距离上提高射击精度，其性能要求是比现有最先进的狙击步枪的射程和精度提高 1 倍以上，能在 5 千米外一击致命，以确保射手的安全。EXACTO弹药系统包括一枚可机动的子弹，一个实时控制子弹飞向目标并能在飞行中改变轨迹及抵御各类干扰的制导系统。该子弹是基于现有的 0.5 英寸口径BMG弹药进行改造的，采用光学实时制导系统，弹长和 1 支钢笔相仿，利用传统 12.7 毫米线膛枪发射，像所有的线膛枪弹药一样旋转，使用了旋转稳定、内置与外置飞行驱动及新一代的瞄

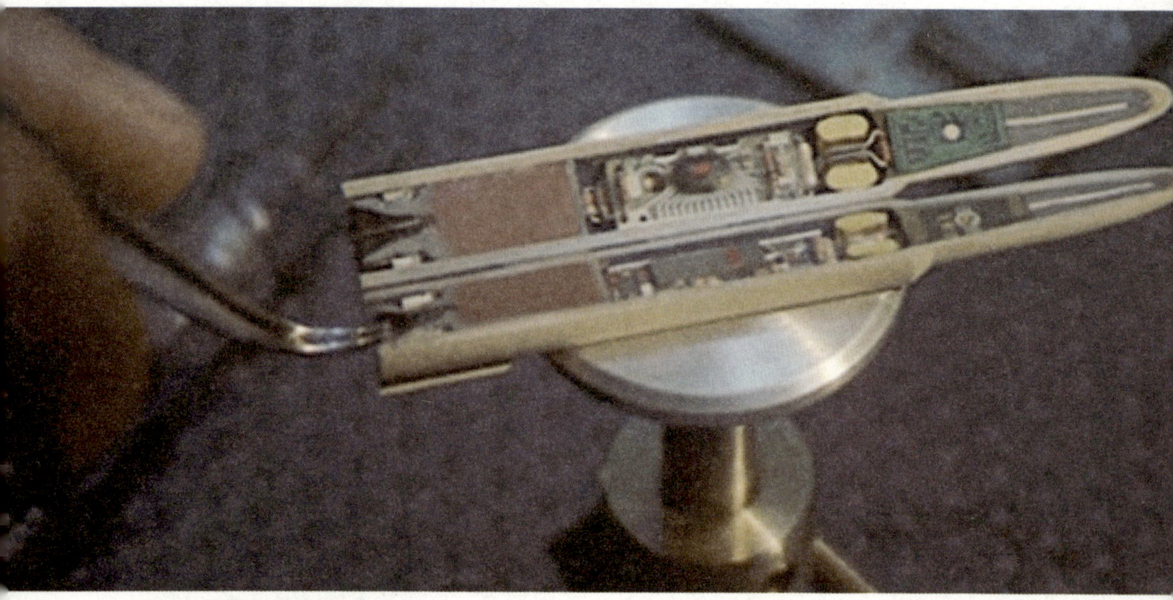

◎激光制导子弹的复杂内部结构

准和防干扰技术等，具备调整弹道能力及抗干扰能力，拥有微型的稳定能源，会计算多种影响精度的因素，全程追踪目标，并随着目标移动调整自己的飞行轨迹。其有效射程 2500 米。发射该子弹的枪支还要具备先进的瞄准器材，这种器材具有很高的分辨率与清晰度。2015 年 2 月 26 日，有关人员对该弹药进行了试射，专业狙击手试射 7 次全部命中，一名首次接触狙击步枪的新手试射也同样精确击中了运动靶。

（2）子弹追着射向目标的激光制导点飞。美国桑迪亚国家实验室于 2007 年开始研制利用激光信号修正弹道的 12.7 毫米激光制导枪弹，其核心是内部有一个独特的微型控制系统，主要由制导系统和传动系统两部分构成。其工作原理是弹体前端的光学感应器搜索、追踪射向目标的激光制导点，并将不断变化的目标位置信息实时传给制导系统和指挥元件，后者通过处理器计算需要的飞行路径，并指挥小型驱动电机为传动系统提供动力，微型尾翼旋转调整方向，控制子弹追踪并击中目标。

采用光半主动制导技术，制导弹丸的关键部件包括光学传感器、配有 8 位中央处理器（CPU）的制导和控制电子元件、电磁制动器和尾舵。

◎美国桑迪亚国家实验室研制的激光制导子弹

知识链接

次声波何以能杀人

1986年4月16日，法国名城马赛郊区“四世同堂”的一家人正在用餐，突然间接二连三地仆倒在地。与此同时，附近一家老少十口也这样突然死去。调查结论令人大吃惊。原来，取人性命的是这里的一个次声武器研究所，肇事者是一个值班人员。他因“一时疏忽，使该所次声波扩散逸出，造成过失误伤”。

实际上，人及动物本身就是不断以10赫左右的低频进行着有节奏的脉冲式振动。人体的各种器官都有各自的固有频率，例如人头部的固有频率为8～12赫，腹部内脏的固有频率为4～6赫等。如果次声波的振动频率低于10赫，就能引起人体组织共振。轻者使人头昏、呕吐

©狙击枪发射EXACTO子弹

和呼吸困难，重则致人昏迷、瘫痪，甚至因内脏器官破裂而死亡。实验证明，当发生这种共振时，人的器官如心脏、耳朵、眼睛、肺脏等，都受到一定的影响和损害。有人曾对动物做过以下试验：将狗和猴子关在一个密闭的容器里。在容器的一端装有活塞，用马达带动活塞往复运动，以产生次声波。当次声波达到 172 分贝的声级时，有的狗呼吸困难，有的则死了。声级升到 180～195 分贝，同时以振动频率低于 10 赫的次声波进行试验，结果这些动物全都死了。解剖后发现，它们都死于心脏破裂。

次声波武器最奇特的是杀人于无形。次声波还具有较强的穿透和渗透能力，可以穿透建筑物，甚至坦克和潜艇，杀伤其内部的乘员。武器专家正是利用次声波的这些特点，用大功率次声波定向辐射有生目标，以达到一定的杀伤效果。

在研制过程中重点攻克了气动稳定设计等关键技术，采用旋转稳定设计代替传统的旋转稳定，使用滑膛枪械发射，消除了传统步/机枪弹采用的旋转稳定产生的横向加速度过载，发射时仅需要承受轴向过载，简化了控制系统。发射后脱壳抛下弹托，子弹中的光学传感器与中央处理器依照激光波束的指示飞行，在飞行中使用 4 片电控翼面控制飞行姿态。该子弹每秒钟最多可以进行 30 次姿态调整。

（3）缺点不容忽视。这种子弹需要使用激光引导才能实现精准的智能打击，当子弹飞行时，激光波束必须保持照射目标，也使得射手暴露或遭到对手反击的可能性大大增加。子弹能精确命中 2000 米距离内的运动和静止目标，对 800 米远的目标打击精度达到 20.3 厘米以内。弹长 138 毫米，弹重 55 克。

制导枪弹的试验成功是枪械史上的一个重大突破，意味着普通士兵只要发射制导枪弹，不仅无须精确瞄准就能远距离精确射杀目标，而且还可使狙击手在射击时受位置限制更少，也能更容易跟踪和打击运动目标。更重要的是，使用制导枪弹可大幅降低狙击手的训练难度和训练成本，减轻士兵弹药负荷和后勤负担，从而大幅度提高士兵的作战能力。

◎使用EXACTO子弹的狙击枪